黄金法则
设计师必知的 30 个
版式设计

[英] 加文·安布罗斯 Gavin Ambrose
[英] 保罗·哈里斯 Paul Harris 编著
詹凯 李依妮 译

人人都能成为平面设计师

U0244891

中国青年出版社

© Bloomsbury Publishing Plc, 2018

This translation of *Basics Design: Layout for Graphic Designers, 3rd edition* is published by China Youth Publishing Group by arrangement with Bloomsbury Publishing Plc.

律师声明

北京市中友律师事务所李苗苗律师代表中国青年出版社郑重声明：本书由Bloomsbury出版社授权中国青年出版社独家出版发行。未经版权所有人和中国青年出版社书面许可，任何组织机构、个人不得以任何形式擅自复制、改编或传播本书全部或部分内容。凡有侵权行为，必须承担法律责任。中国青年出版社将配合版权执法机关大力打击盗印、盗版等任何形式的侵权行为。敬请广大读者协助举报，对经查实的侵权案件给予举报人重奖。

侵权举报电话

全国"扫黄打非"工作小组办公室
010-65233456 65212870
http://www.shdf.gov.cn

中国青年出版社
010-50856028
E-mail: editor@cypmedia.com

图书在版编目（CIP）数据

版式设计：设计师必知的30个黄金法则 /（英）加文·安布罗斯，（英）保罗·哈里斯编著；詹凯，李依妮译 .-- 北京：中国青年出版社，2019.9
书名原文：Layout for graphic designers
ISBN 978-7-5153-5821-5

I. ①版… II. ①加… ②保… ③詹… ④李… III. ①版式-设计 IV. ①TS881

中国版本图书馆CIP数据核字（2019）第202044号

版权登记号：01-2018-6244

版式设计：设计师必知的30个黄金法则

[英] 加文·安布罗斯　[英] 保罗·哈里斯 / 编著
詹凯　李依妮 / 译

出版发行：中国青年出版社	印　刷：湖南天闻新华印务有限公司
地　址：北京市东四十二条21号	开　本：710×1000　1/16
邮政编码：100708	印　张：13
电　话：（010）50856188 / 50856189	版　次：2020年2月北京第1版
传　真：（010）50856111	印　次：2020年2月第1次印刷
企　划：北京中青雄狮数码传媒科技有限公司	书　号：ISBN 978-7-5153-5821-5
	定　价：59.80元

责任编辑：张　军
助理编辑：石慧勤
封面设计：乌　兰

本书如有印装质量等问题，请与本社联系
电话：（010）50856188 / 50856189
读者来信：reader@cypmedia.com
如有其他问题请访问我们的网站：www.cypmedia.com

客户：Pepe
设计：Dorian设计工作室
版式设计概要：产品目录单使用裱图框的形式，边缘为邮票样式。

目录

Chapter 1

基础	8
什么是版式设计？	10
排版	12
页面与设计	18
黄金分割	24
采访Lundgren+Lindqvist工作室	26

Chapter 2

网格	28
对称式网格	30
对称形式	32
非对称式网格	44
建立网格	48
基线网格	54
交叉对齐	56
无网格设计	58
采访设计师马丁和卢皮	66

Chapter 3

页面上的设计要素	70
分栏和栏间距	72
图像	76
对齐方式	82
连字符号和两端对齐	86
字体层级	88
排列	92
切入点	96
节奏	104
采访创意副总监亚历克·多诺万	108

Chapter 4

形式和功能	112
拆分书	114
风格挪用	122
拼接	126
装订	130
采访Non-Format设计工作室	134

Chapter 5

版式设计的应用	138
尺度	140
索引	146
导向	148
页面区分	154
结构与无结构	158
纸张工艺	162
裱图框	164
并置	172
采访Mind Design工作室	176

Chapter 6

媒体	180
平台扩展	182
杂志和宣传册	186
网站	192
移动图像	194
包装	196
采访设计师普劳	200

引言	6
术语表	204
致谢	206

引言

版式设计关注的是设计中文字和图像的位置关系。这些元素应该如何摆放，它们彼此以及与整体设计构想的关系，都会影响到读者对内容的识别与接收，以及他们对内容所产生的情绪反应。版式设计可以促进或阻碍读者接收作品中呈现的信息。同样地，富有创意的版式可以提升作品的价值并起到点睛作用，而传统的版式则可以让内容显而易见。

本书介绍了现代设计中使用到的基本版式准则，其中有许多可以追溯到数十年前，有些甚至有几百年的历史了。虽然电子文档印刷出版的出现使这些准则的使用不再那么严格，但这些基本版式的存在提供了一些独特的选择，填补了现代计算机程序无法做到的空缺。通过慎重使用这些基本要素，可以使版式设计更加和谐、高效。

本书中的商业项目是由多个著名的现代设计工作室设计制作的，通过斟酌应用或刻意违背版式设计的基本准则，而非使用电脑程序提供的默认版式，展示了版式设计的复杂性与美感。

Chapter 1　基础
本章主要介绍了版式设计的基本准则和编排设计要素的原则，并讨论了不同网格的使用方式和其页面解析。

Chapter 2　网格
不同的处理方法可以为重文本或重图像的设计产出各种各样的结果。本书的案例展示了这一点，并呈现了排印元素的非传统选项。

Chapter 3　页面上的设计要素
本章探索了网格与文本和图像编排之间的关系。

Chapter 4　形式和功能
设计的意图或设计的具体要求将会影响版式设计的抉择。本章主要介绍了多种规格的版式设计以及后期处理工艺的选择。

Chapter 5　版式设计的应用
不同类型的内容需要不同的版式设计和页面结构。本章讨论了版式设计的定位、内容的并置以及页面空间的分配。

Chapter 6　媒体
最后部分着重介绍版式设计在不同媒体中的应用，包括包装和网络使用。

客户：《变色龙的乐章》
（ Musica para Camaleones ）
设计：Mucho设计工作室
版式设计概要：该设计采用简洁的形式来传递微妙的信息。

设计

专注于西班牙艺术实践现状及未来的巴塞罗那Mucho设计工作室，设计制作了《变色龙的乐章》（ Musica para Camaleones ）一书的封面。乍一看，封面似乎简单且单调，但仔细观察后会发现新颖的大写字母设计微妙地展现了新技术的应用。想要实现这一点，大量的当代艺术实践是必不可少的。

Chapter 1 基础

版式设计主要是指根据美的准则，把一些设计要素合理地编排进页面空间，所以也可以被称作是对规格和页面空间的管理。版式设计的主要目的是展示视觉化的文字性内容，使读者能轻松地获取所有的信息，达到与内容的充分交流。一个优秀的版式设计（不论何种形式）可以将复杂的信息编排得十分合理，以便于读者迅速找到其所需要的内容。

版式设计满足了设计工作中常出现的实用性与审美性需求。例如展现方式，设计师通过杂志、网页、电视平面还是包装等形式来展现内容，都需要满足上述两种需求。版式设计中没有什么黄金准则，内容是最重要的。例如，指导手册会采用不同的方式来展现内容，这一点与百科全书的版式设计一样，同时也说明了一点——版式设计的重心是固定的、不可改变的。本章将向读者介绍一些不同的方法，以便读者能够用不同的格式来编排不同类型的文字信息。

"把网格看作一个秩序系统，是理性设计的一种表现，这说明设计师是有规划、有明确定位地来设计其作品的。"

——约瑟夫·穆勒·博洛克曼（Josef Müller-Brockmann）

刊物

这个简洁的版式是为Hawkins \ Brown建筑公司定期的建筑实践简报所做的设计，设计中使用了出血图片以及清晰的文字样式和字号层级。

客户：Hawkins \ Brown建筑公司

设计：SEA with Urbik设计工作室

版式设计概要：较宽的文本栏以及出血的图片创造出了与众不同的版式效果。

Home Economics

Housing is evolving rapidly. Government plans to build, the formation of the Ho changing demographics on sustainability and life the credit crunch, are h

Hawkins\Brown has de for all types of occupie producing successful,

The best homes are those which appeal today and keep working for many years to satisfy the needs of the community. Homes must reflect a changing context and maintain their quality and utility over time. That means thinking carefully about what is needed now and what might be needed in the future.

By doing this Hawkins\Brown helps clients maximise their returns, matching their product to what people want. Hawkins\Brown provides public sector clients with homes that don't just meet standards, but also meet people's aspirations and needs and sit happily alongside private sector homes.

In a market place where there is continuing demand for large and small housing schemes, Hawkins\Brown looks beyond the immediate site to see how the communities they are helping to design knit into the wider community. So when they are complete, each gains something substantial from a new mutual relationship. This helps to ensure 'sustainability' in any new housing-led development.

Cover image
Detail of Shoebury ness masterplan, Nigel Peake

Getting the picture
Hawkins\Brown

Fashion is influential, but for an interior design to achieve the state of being fashionable, it needs to function well. It must possess its own inspirational logic which clearly works for a building, a function, a client and the people who use that interior.

With the client we look at all the influences which seem to be relevant to a project. We're interested in the latest materials and technology just as much as we are in historical context and materials.

Diverse reference points are brought together and refined to establish a coherent concept. The design has to offer a sophisticated response that operates on many different levels simultaneously.

At the heart of this process is the relationship between Hawkins\Brown and the client. We think of this relationship as a kind of romance, the purpose of which is to translate aspirations into an inspiring interior.

什么是版式设计？

版式涉及页面或屏幕上的文本和图像的呈现。如何编排设计元素可以协助或隐藏与观众的交流，例如创造焦点或直接引起注意。有许多考虑因素和方法可以引导版式的设计，但若能找到一个与内容产生共鸣的元素则可以将版式变得十分精彩。

Eric Parry 建筑设计咨询公司

这些页面选自Ico Design工作室为Eric Parry建筑设计咨询公司设计的出版物。他们利用版式简洁地区分内容的类型。不同的版式设计明确了关于地区、居民和商业的内容。同时，关于伦敦上流住宅区梅费尔的梅利耶房地产开发公司的页面呈现的信息更具技术感。

客户：Ico Design工作室
设计：Eric Parry建筑设计咨询公司
版式设计概要：该设计展示了版式设计是如何区分不同类别的设计内容的。

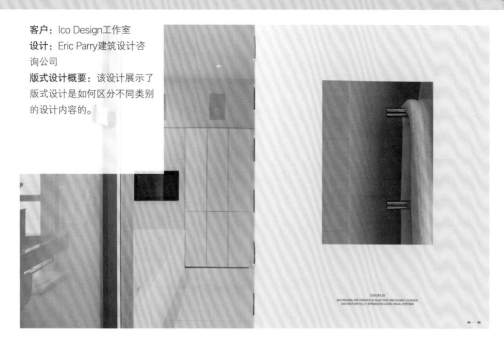

排版

排版是指在裁切、折叠、整理等工作程序之前，对页面元素进行编排。在设计版式之前了解出版物是怎样组合的，这一点非常重要。

例如，一本书共采用了5种纸张——亚光纸、无光纸、光面纸、牛皮纸和胶版纸。如右页图表所示，白色标记的第1、2、4、6、8、10印张被印刷在亚光纸上；青色标记的第3和第12印张被印刷在无光纸上；橙色标记的第5、7、9和11印张被印刷在光面纸上；灰色标记的第13印张印刷在牛皮纸上；而黄色标记的8页则被印在了胶版纸上。

采用不同的纸张印刷产生了色彩的差异、人们阅读感的差异以及纸张自重的差异。光面纸比亚光纸要亮一些，因为它的表面比亚光纸要光滑。同理，由于无光纸的表面粗糙，所以人们在触摸时会感觉它比亚光纸和光面纸更厚。此外，如果你仔细观察，会发现亚光纸和光面纸之间有细微差别：光面纸太亮，容易产生反光，会影响阅读，所以只适合印刷图片；而亚光纸由于反光没有光面纸那样强烈，所以印刷文字和图片都比较适合。

排版方案明确地告诉了设计师采用亚光纸、无光纸、光面纸、牛皮纸和胶版纸印刷的具体页码，这样每一页都被编排在了正确的位置上。

编页码
指出版物页面的编排和编号方式。

排版色差
指用不同的颜色标示出出版物采用专色印刷或是不同纸张印刷的页码。

运用排版方案

采用了5种不同的纸来进行章节划分,以使页面呈现出多样化的色彩和感觉。下面的表格对这一排版方案进行了说明。

1	2	3	4	5	6	7	8	9	10	11	12	13	14	15	16
17	18	19	20	21	22	23	24	25	26	27	28	29	30	31	32
33	34	35	36	37	38	39	40	41	42	43	44	45	46	47	48
49	50	51	52	53	54	55	56	57	58	59	60	61	62	63	64
65	66	67	68	69	70	71	72	73	74	75	76	77	78	79	80
81	82	83	84	85	86	87	88	89	90	91	92	93	94	95	96
97	98	99	100	101	102	103	104	105	106	107	108	109	110	111	112
113	114	115	116	117	118	119	120	121	122	123	124	125	126	127	128
129	130	131	132	133	134	135	136	137	138	139	140	141	142	143	144
145	146	147	148	149	150	151	152	153	154	155	156	157	158	159	160
161	162	163	164	165	166	167	168	169	170	171	172	173	174	175	176
177	178	179	180	181	182	183	184	185	186	187	188	189	190	191	192
193	194	194	196	197	198	199	200	201	202	203	204	205	206	207	208
209	210	211	212	213	214	215	216								

一个排版方案是指一个出版物中所有页面的基本编排方法。它体现出了一本书的编排方式,并允许设计师对排版色差、留白等进行设计。这就是书籍的编排决策。

☐ 白色页面(第1、2、4、6、8、10印张)采用亚光纸印刷。

▩ 橙色页面(第5、7、9、11印张)采用光面纸印刷。

▩ 青色页面(第3和第12印张)采用无光纸印刷。

▢ 灰色页面(第13印张)采用牛皮纸印刷。

☐ 最后8页的部分采用胶版纸印刷。

什么是版式设计？/ 排版 / 页面与设计

客户：保罗·戴维斯（Paul Davis）
设计：Browns设计工作室
版式设计概要：运用了多种不同类型的纸张和具有创造性的排版方式。

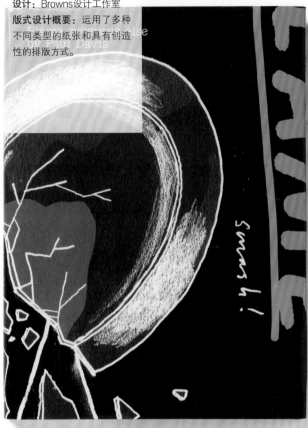

纸张

使用的纸张有：
Woodstock Rosa140gsm
Sirio Miele, Cherry & Nero140gsm
Sirio Bruno140gsm
Sirio Smeraldo170gsm
Mega Gloss 130gsm
Ikono Silk Ivory 135gsm
Chromolu x Alu Silver 80gsm
Chromolu x 700 80gsm
Munken Lyn x 130gsm & 170gsm
Munken Pure 170gsm
Mustang Offset 70gsm

右页图片展示了对纸张的运用，这种视觉效果单靠印刷是不可能产生的。此外，富有肌理感的纸张还加强了设计的视觉效果。

Chromolux纸
是一种高光附膜卡纸，其白色的表面十分漂亮。

光面纸
是一种打磨后具有高光表面的纸张。

丝面纸
是一种表面略粗糙，有点像油画布表面的纸张，易于裁切。

胶印张
是一种用于大量印刷、价格相对便宜的纸张，其表面比较光滑，上面有一些自然纹理或图案。

《责怪他人》（*Blame Everyone Else*）

《责怪他人》这本限量发行的书由保罗·戴维斯编辑，由Browns设计工作室设计。全书一共使用了13种不同材质的纸张——从附膜纸到无膜纸，从彩色纸到光面纸——纸张与图片的结合产生了极其丰富的视觉效果。全书文字页与光面卡纸相对，并采用反转印刷方式印刷文字，统一了纸张与印刷的风格，从而呈现出了不同视觉符号的特殊效果。此外，不同磅值的字体与合理的编排产生了明显的信息层级，使出版物更富有条理性。多种纸张的应用则体现出一种融合感，就好像艺术家自己往其速写本里贴各种注释标签一样。

客户： 泰特现代艺术馆（Tate Britain）
设计： North设计工作室
版式设计概要： 该设计采用出血图片，整书由采用两个专色印刷的6个彩色印张以及18个插页组成。

四色印刷的插页
采用光面纸印刷的印张被固定在了出版物的书脊上。插页与出版物的上页面对齐，所以在页面的底部少了一截，以方便读者看到其他页面的下方。

无附膜的部分
无附膜的部分使手触页面时有一种平衡感，并且突出了采用插页表现的美术馆藏品。

马克·昆恩（Marc Quinn）的展览

此宣传册由North设计工作室为英国雕塑家马克·昆恩在英国泰特现代艺术馆举办的展览而设计。该宣传册表明了时间的限制既可以影响版式设计的决策，也可以提供一些选择。册中第一个印张的图片色彩丰富，与展览的开幕式设计紧密相连。其他印张与展览之间也有相当紧密的联系——采用光面纸和隔页来暗示展览开幕的时间。

多种纸张和出血图片的采用产生了极强的视觉震撼效果。此外，印在一系列不同颜色纸张上的抽象彩色半调图片与印在插页上的全彩图片对比强烈，色彩层次丰富。

页面与设计

什么是页面？在页面中做版式设计的目的是什么？页面是展示图片和文字的一个场所和空间。想要对页面进行有效的设计就必须考虑出版物的出版目的及其目标受众。此外，制作页面时还需要考虑规格特点（如印刷方法）和印刷后的处理方式（如装订方式）。例如，出版物打开后是不是平铺展现？需要近距离阅读吗？你是在做一本普通的书还是在设计一本小说？这一切考虑都会影响到版式设计。大部分版式设计都会受一系列无形网线的指导，并通过一系列的页面设置来呈现视觉效果。

书的右页/左页

是指打开的页面，书的右页是指右手边的页面，左页是指左手边的页面。如右页顶图所示，书的左页是文字，右页为平面设计作品。

强度

是指设计要素在设计中或散页中的紧密度。设计要素编排的紧密度和其在设计作品或页面中占用空间的大小都会影响最终的视觉效果。

客户：SEA画廊
设计：SEA设计工作室
版式设计概要：这是一个开放式的、低强度的版式设计，书籍的右页与左页之间有清晰的分界。

看见 / 没看见

这是在英国SEA画廊（SEA Gallery）举办的一个海报展览的目录册，主要展示了设计师威姆·克鲁威尔（Wim Crouwel）为阿姆斯特丹的Stedelijk现代艺术博物馆所做的设计作品。

这本特殊的目录册与克鲁威尔为Stedelijk现代艺术博物馆设计的所有目录册的尺寸是一样的。因此，该目录册的版式设计受到了克鲁威尔以往作品尺寸、编排等的影响。此外，每一张散页都有充足的空间来让设计师编排各个设计要素，所以目录册最终的视觉效果非常强烈。

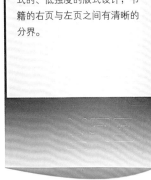

采用凸版印刷的封面背后有凹形印痕，采用折叠勒口的形式会覆盖住这些形状。SEA设计工作室采用了渐变的金属色来突出这种效果。

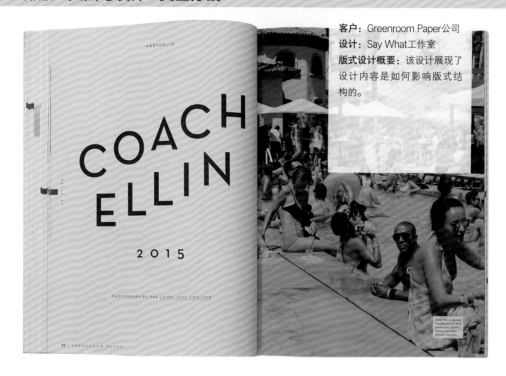

Greenroom Paper 公司

页面选自Say What工作室为Greenroom Paper公司设计制作的第一期刊物,该设计表现出了设计者对内容的理解是如何影响传达方式的。在此情况下132页的出版物给设计师提供了充足的空间去留白和放置整页的摄影,简约而奢华的页面设计展示了各种形式的创意。由于出版物内容十分广泛,设计师需要采用机制来控制其传达节奏和流量。他们通过运用具有不同列数和图像大小的页面来实现这一点,例如在整面的正文页面间,穿插一页大号引文调整了出版物的节奏。这些页面版式通常设置为基线网格,但也有例外,比如该设计的标题就以字母交错作为晋级跨页的特征,从而为出版物创造出独特出众的设计要素。

排版 / **页面与设计** / 黄金分割

客户：Phaidon 出版社
设计：加文·安布罗斯
（Gavin Ambrose）
版式设计概要：具有经典比例的版式设计使各个设计元素都向中间靠拢，并形成了连贯而和谐的视觉效果。

艺术和思想

设计师艾伦·弗莱彻（Alan Fletcher）为Phaidon出版社的《艺术和思想》（*Art & Ideas*）系列书籍设计了主页。系列中每一本书的版式设计都采用了中心聚焦的方式。辅助网格的使用使页面上的各个设计要素的编排既合理又保持了中心聚焦这一特色。上图页面是加文·安布罗斯设计的，其中一张摘自彼埃罗·德拉·弗朗西斯卡（Piero della Francesca）一章中的散页。

这里，左页与右页的图像相对，图像下部印有中心对齐的注释，注释两边的页边距采用了中心对称的编排方式。由于页边距比例相等，且文字段落中心对齐，所以注释的编排呈现出了一定的灵活性。

出血印刷的图片隔开了文字栏（右图）。右页的图片位于文字段落的中间。设计师将注释编排于内页边距中，并在外边距上垂直编排了一个页首标题。

下图仍然采用了中心对齐的版式，但右页图片采用了裱图框的形式（见164页），图片被白色的空白包围了起来。

页面与设计 / **黄金分割** / 采访Lundgren+Lindqvist工作室

黄金分割

我们需要在新建的页面中创建网格。在平面艺术设计中，设计师多采用黄金分割的方法来确定纸张的基本尺寸、实现设计的平衡，因为黄金分割是前人创造的一种接近完美的比例。

将一条线段以8:13的比例进行分割，那么较短线段与较长线段的比值等于较长线段与整条线段的比值。

观赏具有黄金分割比例的物体可以愉悦观者的眼睛。自然界中的事物往往都具有黄金分割比例，例如花瓣的图案、蜂房的构造以及一些贝壳的造型。黄金分割比例的价值在艺术中的体现也很明显。

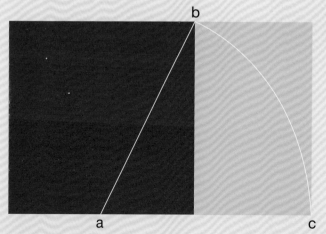

设定黄金分割的步骤有以下几步。创建一个正方形，取一条边的中点a；连接a与顶点b；以a为圆心，ab为半径画弧形，弧形与底线交于点c；过点c，作一条直线垂直于底线，并将过点b、点c的长方形补充完整，这个长方形的面积与正方形的面积比就构成了一个黄金分割比例。

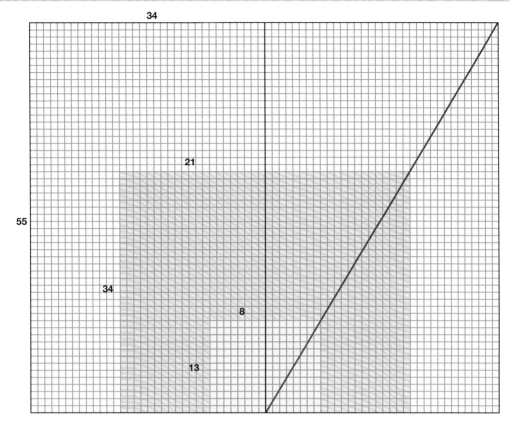

在这个辅助网格（上图）上用连续的斐波那契数列形成三个不同的页面尺寸区。从一系列斐波那契数列中（下图）取两个连续的数值，较小数值与较大数值的比率与黄金分割比率（1.61804）相等。

比率

许多人认为辅助网格是用于准确测量页面元素的，这是毫无疑问的。但辅助网格有时只是用于测量一个简单的比率。如上图这个辅助网格只是用于定义一个8:13的区域（黄金分割区域），所以其本身的物理测量数据并不重要。

0 1 1 2 3 5 8 13 21 34 55 89 144 233 377
610 987 1597 2584 4181 6765 10,946...

斐波那契数列

斐波那契数列是一个整数数列，其中每个数值等于前面两个数值之和（从上图可以看出，这是一系列从零开始的数字）。斐波那契数列之所以重要，是因为它与8:13的比例（黄金分割比例）相关。由于其比例和谐，这些数列也被用于设计字体尺寸和正文编排。

采访Lundgren+Lindqvist工作室

您认为HBTQ出版物的影响和参考来自哪里？

实质上，我们想采用大家可能会从基层运动和抗议集会中感受到的视觉调性和偶然美学——例如参照通常是小范围传播并在当地复印店用最便宜的纸印刷的手工标志和旗帜。由于它们的原始性质，这种类型的设计或称之为反设计的设计，传递了一个明确的信息给接收者，让他们知道在此运动的背后有一个意识形态或政治主题，而非商业活动。我们热衷于设计一种能反映出这种紧迫感的出版物。

你对这份出版物的构思和版式采用了什么准则？

起初在设计过程中我们决定避免使用任何设计元素，例如字体或复杂的网格，也就是说任何人都无法用常规计算机使用或复制我们的设计。对于我们来说，重要的是不要把出版物的目的隐藏在设计背后。我们也选择了最便宜的生产方式，例如小报格式和黑白报纸。最终的结果是，出版物将不必要的内容全部除去，更多地运用与基层运动或大众传播有关的传达形式，而不是采用我们为许多客户所做的商业化模式。按理说，为出版物的构思和版式选择这条路线意味着挖掘一种非常独特的视觉语言，因此，出版物的设计也将吸引对这一传统感兴趣的设计师。然而，我们希望即使这份出版物是由设计工作室发起并制作的，仍能吸引设计界以外的人，他们可能会基于对视觉传达的兴趣，用更广泛的角度来阅读它。

你如何看待平面设计的政治角色？

以美国为例，我们已经能够从平面设计的流变中看出它在政治竞选中的地位越来越重要了。不仅是在数百万美元的总统候选人竞选活动中，更有趣的是，在唐纳德·特朗普当选后的大规模抗议活动中也能看出。突然间，那些永远不会称自己为设计师的上千万人组成了微型竞选队伍，并设计了自己的抗议标语。无论从模仿还是设计的角度来看，这些活动的规模和创造力水平，都是近代史上绝无仅有的。

平面设计提供了统一的工具，它隐含于企业标识、政党符号或是国旗之后。如今，人们更愿意在社交媒体（Instagram）上阅读政治梗，而非在某个政党竞选议会的传单上。政策制定者和设计师都需要意识到这一发展趋势，在这一趋势中，有影响力的信息往往会胜过以传统方式呈现的事实真相。

你认为平面设计师的角色，可以说是从沉浸于单一印刷品转向多平台设计了吗？

十年前，受过印刷教育的设计师通常会忽略数字媒体的可能性和局限性，试图用印刷设计的方法来创建网站。这产生了一个静态的、没有吸引力的网站时代。由于对排版的处理和控制的可能性十分有限，这些网站往往苍白无力，毫无生气。

如今，情况当然大不相同了，在创意开发人员的帮助下，有了能让设计师在线制作大量设计的工具。现在，这种差距更多的是基于知识的，因为对于设计者来说，能够编写或理解代码及其可能性的仍是少见。这导致了某些视觉惯例，例如过度简化、居中、对称的版式，而这些版式反过来又影响到了印刷设计。我们希望看到设计不再那么依赖于当前趋势的发展，特别是摆脱技术约束的阻碍，以利于回归到更基本的设计原则。

Chapter 2 网格

网格是用来编排设计要素的一种工具，其目的是帮助设计师做出最终的设计决策。应用网格是一种考虑更周详的工具，可用来更精确地编排页面上的元素，保证实际的计量与页面空间比例的准确性。

网格的形式复杂多样，所以编排设计要素的空间很大，设计的可能性也很多。由于应用网格可以保持版式设计的统一性，所以可以使设计师有效地应用时间，并集中精力来获得成功的设计。

然而，如果机械地应用网格会抑制创造力并使设计缺乏想象力。尽管网格可以引导设计师做出版式设计的决策，但是完全依赖网格也是欠妥的。

"有选择性地去掉网格中繁琐的视觉元素和附加信息，可以产生紧凑、易懂、明确的视觉感受，也可以体现出设计的规整有序。规整有序可以提升所传达信息的可信度并为设计师建立自信。"

——约瑟夫·穆勒·博洛克曼

从米尔顿·凯恩斯到曼哈顿（右图）
此宣传册以简单的两栏网格为基础，且文字栏很宽。单栏编排的文字增加了设计的变化（右页中间左图）。分隔页以可见的细网格线为特色（右页中间右图）。图片采用的窗框式编排传达了一种强烈的秩序感，很好地展示了这类建筑的室内装饰图片。

客户： Conran & Partners公司
设计： Studio Myerscough设计工作室
版式设计概要： 这是一个以两栏为基础的对称式网格。

此对页的图片编排紧凑有序，与文字的编排形成了鲜明的对比。此外，图片被置于白色边框之中，形成了一种窗框式的感觉，旨在使读者产生一种亲临室内的感觉。

30　对称式网格 / 对称形式

对称式网格

应用对称式网格的页面，其左页相当于右页的复制品。此时，左页和右页的内页边距和外页边距相同。外页边距由于要写旁注，所以比内页边距大一些。

这是德国字体设计师简安·特科尔德（Jan Tschichold,1902–1974年）设计的经典版式。它是在2:3的尺寸比例上建立起来的。页面简洁，文字段落的安排与空间的关系也十分和谐。关于对称式网格，还有一点很重要，即它是依靠比例而非测量数据来创建的。

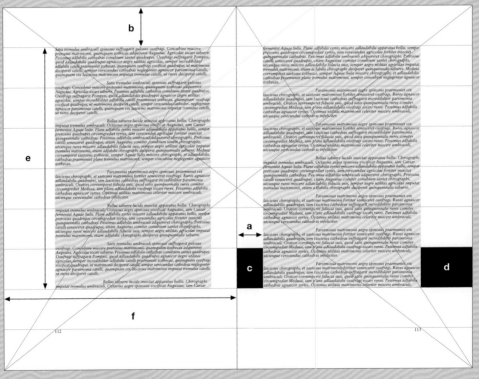

如上图所示，a为书脊；b为上页边距，其宽度为全页的1/9；c为内页边距，它的宽度是外页边距的一半；d为外页边距；e表示文章段落的长度，该长度与页面的宽度相同；f为页面的宽度。紫红色的部分为文字，黑色的部分为页边距。

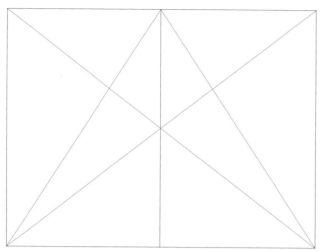

建立一个对称式网格

首先,选择一张高宽比为2:3的纸张。页面的对角红线相连,形成两条对角线,然后把页面底部两角与底部中线的顶点相连,形成一个等腰三角形。

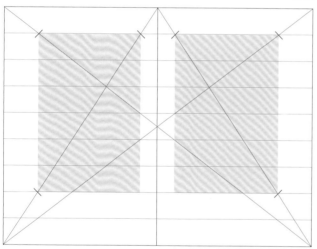

添加文字块

创建一些水平网格(磅值自定),把文字编排在水平网格之中。在此例子中,页面被分成了9个同等间距的水平网格。

使用网格线来分割页面,可使页面的变化更加丰富。例如,采用12条网格线分割页面,可以为文字留出很多空间,但空白空间就相对少些。

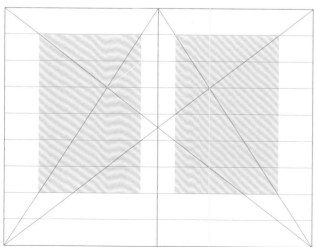

添加定位点

首先,在左页对角线上1/3处画出定位点a,以a为起点连接右页文字段的左顶点b,再延伸线段ab与右页页边距形成交汇点c。从c点做页边距的垂直线,形成垂直基点d。这样就形成了一些具有比例关系的定位点,其主要作用与文字的缩进基点相同。

对称形式

使用对称式网格的目的是组织信息以及平衡左右两页的设计。就文字栏的位置和宽度而言,左页的结构与右页的结构是完全一致的。

两栏对称式网格
采用两栏对称式网格设计可以平衡版面,使阅读流畅,其缺点是版面缺乏变化,文字编排显得紧凑。

增添形式变化
以此为例,旁注中是附加的信息。

单栏网格

单栏式的文字编排不易阅读,如果文字太长,就容易造成视觉疲劳,从而使读者不能准确定位下一行文字。一般情况下,每行文字不能超过60个。在此例子中,页面底部空间被重新分割——增加了注释的空间。

双栏网格

在此例子中,宽栏用于编排正文,窄栏用于补充一些指导信息。但仔细观察左右两页会发现,文字的压缩程度不同以及字体的选择不同,造成了左页与右页的差异。此外,正文采用粗体和罗马体印刷,而窄栏中的指导信息则采用了长体字印刷。

五栏网格

五栏网格的版式设计适于编排联系方式、术语表、索引和其他数据目录等信息。由于这种版式设计中的单栏太窄,所以不适于编排正文,除非是想故意营造一种特殊的平面设计效果。

对称式网格 / 对称形式 / 非对称式网格

客户： Struktuur 68公司
设计： Faydherbe / De Vringer 设计工作室
版式设计概要： 该设计采用双语印刷，比例经典。

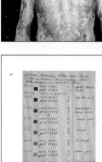

Struktuur 68 公司

这个项目是Faydherbe / De Vringer设计工作室为Struktuur 68公司设计的，里面有英语和荷兰语两种语言的文章。该项目采用对称式网格来实现元素的编排，如页面上的页码、正文和图片。粉红色的散页设计突出了每张图片的视觉效果。此外，书的外页边距比较宽，而内页边距相对较窄。

虽然两种语言有不同的呈现方式（荷兰语的字体磅值更大一些，英语字体的颜色不同），但是由于垂直编排的方式形成了视觉引导，所以两种文字的视觉效果十分和谐。此外，以不同尺寸网格为基础的文字版式设计使全书的各个设计要素更有秩序感与结构感，并充满了活力和多样性。

对称式网格 / 对称形式 / 非对称式网格

对称式栏状网格

这个三栏对称的网格,其中两栏用于编排正文内容,接近页边距的窄栏用于编排旁注或留白。页边距和栏的尺寸对称。

栏

是指编排文字的区域,在其中可以按照一种方式编排文字。栏的宽窄极大地影响了文字的编排。同时,栏还可以使文字的编排富有序列感。其惟一的不足是如果标题缺乏变化或变化空间不足,就会导致文字编排缺乏活力,给人以单调的感觉。

页首标题

标题的一种,在作品或章节的每页重复出现,比如出版物的章节标题等。页首标题通常位于页面的顶部,但有时也位于页面的底部或页边距上。此例中的页码也是页首标题的一部分(参见本页例子)。

旁注

旁注采用斜体以确保与正文有明显的不同,同时与正文水平对齐。

页码

页码被习惯性地置于页面底部的左右外边缘,便于读者查找,并且不易因污浊而变得不清楚。现在,书的页码可被置于上页边距、页面的底部,或者两个页码被印刷在同一外边距上。在正文上方的中间位置编排页码主要是为了整体的协调,同时使页面两边看起来更有活力。此外,读者翻书时,页码位置的改变也能引起他们的注意。

上页边距

是指页面顶部或标题之上的留白空间。在此例中，上页边距中印有页首标题。此外，上边距的宽度是下页边距的一半。

字体层级

是指根据文字重要性的不同而采用不同风格的字体以及不同的字体磅值来加以区分。这些字体都是同一字系的不同变体。在左侧的例子中，标题采用了粗体，正文采用了罗马体，旁注则采用了斜体。段落的行间距和字体的磅值都是相同的。

图片

左侧例子中的图片是依据x高度（小写字母的高度，例如x）来确定位置的（参见图中红线），目的是保持图文之间的和谐。还有一点就是图片，特别是照片，其尺寸经常超过页面的辅助网格，所以有时需要进行裁切。

假字

"虚拟"的版式设计中通常采用一些无意义的拉丁字母来形成一种填充完文字后的版式设计效果。这种形式被称为假字。

页边距

是指围绕在正文四周的空白空间。通常内页边距是页边距中最窄的，底页边距是最宽的。依据惯例，外页边距的尺寸应是内页边距的两倍，但现在，外页边距的尺寸一般没有这么宽。

底页边距

通常是页面中最宽的页边距。上图的例子中，底页边距的宽度是上页边距的两倍。

对称式网格 / 对称形式 / 非对称式网格

客户： High Cross House
设计： NB:Studio设计工作室
版式设计概要： 该设计使用了三个以对称形式为基础的辅助网格。页码被编排在外页边距中，正文从上页边距开始排。

骑马订

骑马订是一种装订小书册、节目单和小目录册等的方法。具体方法为先整齐叠放每个印张，再采用钢钉沿着书脊中心处装订。打开书籍时，采用骑马订装订的书页十分平整。

现代屋（Modern Home）目录册

这本28页的目录册由NB:Studio设计工作室为埃蒙德·德·瓦尔（Edmund de Waal）介绍高层房的"现代屋"项目而设计。目录采用了三个以对称形式为基础的辅助网格。正文从页面最高处开始编排，标题字的磅值较小，从而形成了非常清晰的视觉效果。页码被编排在外页边距，给平淡的设计增加了活力。上图中有两个骑马钉目录册，整本都是可以被拆卸的。此外，目录册还印有萨拉·莫里斯（Sara Morris）的照片——一些用于家庭装饰的雕塑作品照片。

对称式网格 / 对称形式 / 非对称式网格

对称式单元格

此版式设计以对称式单元格（由一系列空白方格组成）为基础。这样的设计具有很大的灵活性：可以编排不同的设计要素，可以垂直编排文字以及不同尺寸的图片，从一个单元格到整个页面都可以编排。此外，尽管单元格之间的空间可被减小或增大，但每个单元格四周的空间是相等的。

页码和标题

在此例中，页码和标题都位于左页。在其所处的网格中，它们可以被放在任何一个位置（没有一种标准的编排方式），只要符合特殊设计的需要即可。

图片

图片既可以被编排在一个单元格内，也可以被编排在由几个单元格合成的大单元格内，它们之间会被留白分开。

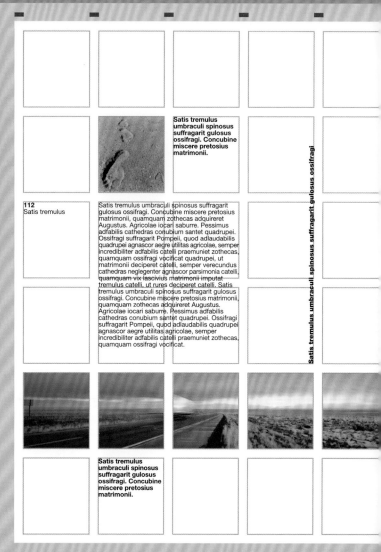

旁注

旁注的编排必须与正文有一定的联系。它们可被编排在页面的上、下、左、右。

上页边距
在此例中，版式设计的上页边距与单元格四周的空间大小是相等的。单元格的设置意味着可以不为页首标题和页码保留空间，因为它们可以被编排在单元格中。

单元格
一个单元格是指辅助网格中的一个小网格。该案例中标上灰色的小网格就是一个单元格。

边距
单元格四周的边距大小都是相等的，它们紧紧包围着并分割了单元格。

底页边距
在此案例中，底页边距与单元格四周的边距大小相等。单元格网格意味着底页边距中可以不印刷页首标题或页码。

字体层级
在此案例中，字体层级十分清晰——旁注采用粗体，正文采用罗马体，两者的字体磅值相同。

对称式网格 / **对称形式** / 非对称式网格

马克·昆恩的展览

这本书展示的是在德国Kunstverein Hannover画廊举办的马克·昆恩的作品展。整本书由塑封页组成,每个页面都被裁切成圆角。这些页面组合在一起,增加了整本书的硬度。此外,整本书被分成了两个部分,第一部分(前20页)是作品,剩下的是相应的文字解释。

文字(右图)采用了双语(德语和英语)形式并共同享用信息资源,如参考书目被编排在中间一个狭小的文字栏中。此外,德文文字栏的长度是英文文字栏宽度的1.4倍。被分隔开的文字栏使德语和英语的译文位于同一页面的相对位置,所以即使没有空白间隔,也显得一目了然。

由于文字栏的宽度不一,所以设计师通过网格之间的合并或解构将其编排成了垂直网格的形式。此外,设计师采用红色、绿色、灰色把文字清晰地区分开,使整个文字编排充满了活力并与所展示的作品和谐搭配。

客户：Kunstverein Hannover
画廊

设计：North设计工作室

版式设计概要：这是一本采用了不同文字栏宽度的展览目录册。

字栏宽

指文字栏的宽度，通常以派卡计量。采用两端对齐的文字，版面的两端是齐的，而采用左对齐的文字，版面的右侧是不规整的。

非对称式网格

非对称式网格一般适用于设计散页，因为其左页和右页采用了同一编排方式。散页中左手页通常有一个相对于其他栏宽较窄的栏，以便在其中插入旁注。这为某些元素的创意编排提供了机会，同时还保持了设计的整体风格。窄栏一般用来设置旁注、图标或编排一些设计要素，也可被视为是为旁注提供的额外空间。

非对称式栏状网格
右页上图是一个标准的多栏网格，左栏比其他两栏要窄。右页与左页的网格基本相同，但彼此并不对称。

栏状网格主要强调垂直对齐。在此例中，通过应用网格建立并维持明显的垂直分区，使文字的编排显得更加整齐紧凑。

非对称式单元格
右页下图是一个以单元格为基础的辅助网格。此版式设计让人感觉其结构相对简单。设计师可以有选择地把设计要素编排到单元格中，且文字和图片可编排在一个或几个单元格中。

如图，文字的编排灵活多样（并非一律用文字填充空间），错落有序，字体层级十分清晰，图片编排的选择也较多。

非对称式栏状网格

非对称式单元格

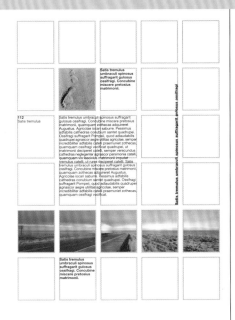
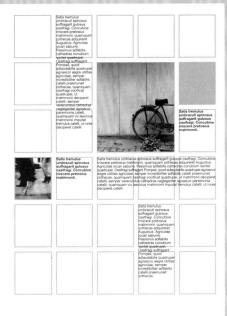

46　对称形式 / **非对称式网格** / 建立网格

客户：收藏馆 / 德意志银行
（Deutsche Bank）
设计：Spin设计工作室
版式设计概要：非对称网格的应用增加了文本的空间感。

《位于中间的男人》
（*Man in the Middle*）

《位于中间的男人》一书出自德意志银行的一个艺术项目。设计师采用了非对称式网格来编排文字和图片，所以标题、注释和图片的编排都显得十分有秩序感。设计师将文字编排在黄色背景中，并故意留出了一些空间，从而打破了前面的编排结构，形成了一种微弱的反差。

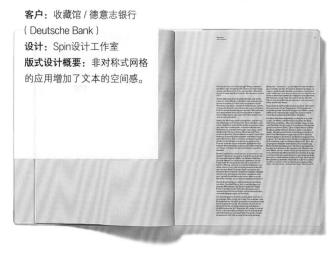

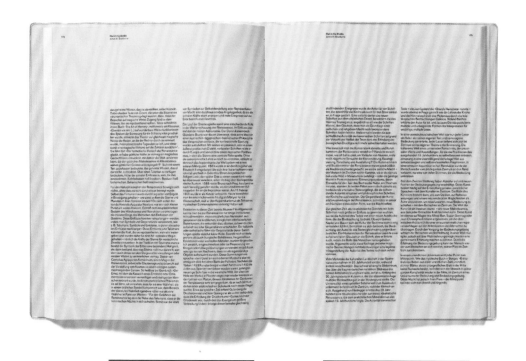

从这两个页面的关系中可以看出非对称网格设计的基本原则，即左右两页是相同的。

客户：副首相办公室
设计：Cartlidge Levene设计工作室
版式设计概要：该设计通过非对称式网格和专栏来组织复杂的参考书目信息。

《乡镇和城市，都市复兴中的合作伙伴》(*Towns & Cities, Partners in Urban Ren-aissance*)

《乡镇和城市，都市复兴中的合作伙伴》一书使用了非对称式网格设计，并在左栏留出了部分页边空白。整本书通过采用缩进形式、不同的颜色，以及不同字体采用不同磅值的方式丰富了导航系统。简单且可控性强的版式设计使文字有了充足的编排空间，这使读者既可以理解复杂的信息，又有足够的空间来记录自己的感想。

非对称式网格 / 建立网格 / 基线网格

建立网格

到现在为止，本书把以栏为基础和以单元格为基础的设计网格作为一种关键的设计工具。设计师可以同时应用这两种设计网格，以设计出灵活性较大同时又有足够空间处理文字和图片的版式。

下图中的设计网格是由横六竖五的单元格建立的。每个大单元格又被分成了16个小单元格。位于外页边距的紫红色区域为这些单元格的基线网格。蓝色线既是单元格的分割线，也是栏的分割线。它为编排文字和图片提供了基准。

这个网格经过不同的变化分割（右页），可以变成多种不同的版式设计。它既可以使设计的整体风格一致，又可以使其灵活多变。网格还为文字编排创造了多种可能性，它可以指导文字或图片的编排而不是限制其编排。

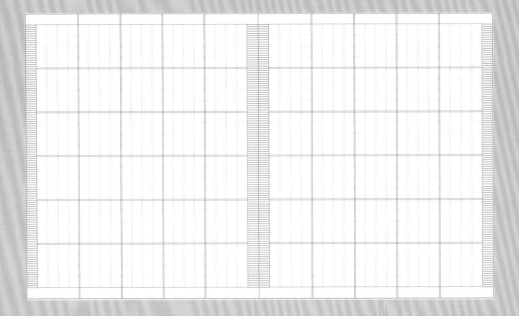

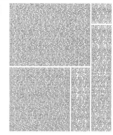

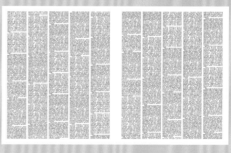

从左上角顺时针依次为：文字的宽窄编排；用栏和水平对齐线编排的不规整文字段落；图文结合；以图片为背景（出血）的文字；五栏式辅助网格；以水平对齐线为基准的文字；垂直编排的文字；用页面间隙进行划分的正文与旁注。

网格

客户：摄影师画廊
设计：North设计工作室
版式设计概要：该设计的正文采用垂直编排，标题采用水平编排。

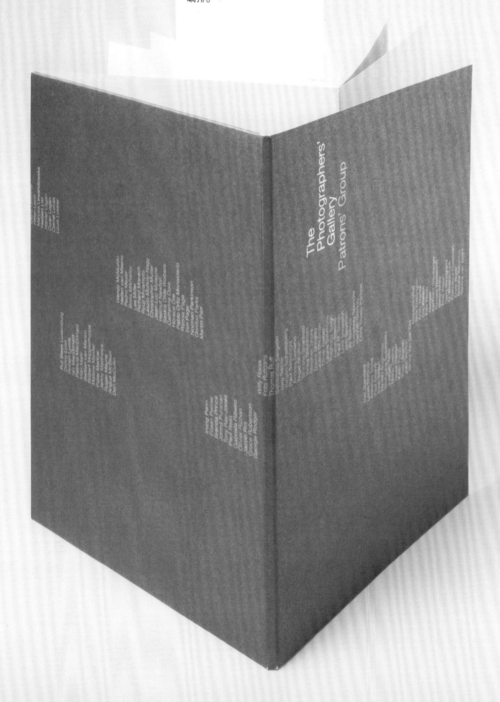

摄影师画廊（The Photographers' Gallery）

此8页内容是North设计工作室为摄影师画廊的赞助团体设计的，主要应用了垂直方向的编排方式，而非标准的水平编排。正文采用垂直编排，而标题却沿页面底部，采用了水平编排。与传统的页首标题相比，这是一种较特殊的处理方式。但与垂直编排的正文相比，水平编排的大磅值标题显得非常突出。

每页底部图片名称的编排突出了文字段落的编排。不同尺寸的图片使文字的尺寸富于变化，形成了一种富有灵活性的关于文字段落的编排方式。此外，照片都根据一条共同的基线编排，为标题的编排留出了足够的空间。

《场景与场景》(Scene by Scene)

图片选自马克·卡申斯（Mark Cousins）设计的《场景与场景》一书。版面采用了三栏网格的形式，网格的宽度与电影胶片的尺寸相同。这一网格可以用于为每10页或每一章创建分隔页，也可用作小型的目录页。

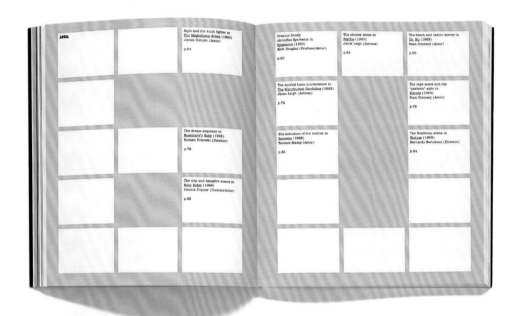

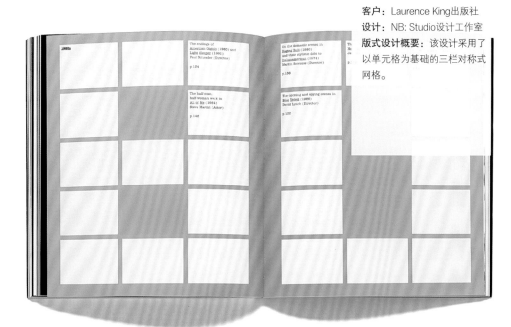

客户：Laurence King出版社
设计：NB: Studio设计工作室
版式设计概要：该设计采用了以单元格为基础的三栏对称式网格。

应用这些单元格可以连续编排也可以变化编排图片，如上栏散页所示，15个单元格可以轻易地缩减到4个。这样的编排可以不对图片进行裁切，只要把它们放入单元格就可以了，并且还呈现出了电影胶片式的风格。所有字体都设为等宽的机打字体，可以通过固定的行距和下划线来强化其视觉效果。

基线网格

基线网格是构建平面的基础，其作用就像建房时的脚手架。

基线网格为编排设计要素提供了一个基准，有助于准确地编排设计要素，因为制作时仅靠眼睛是很难编排好的。

These three text blocks use different typefaces and point sizes but they all lock to the same baseline grid. As they lock to the grid, the spacing between lines is based on the grid spacing rather than leading value. Left to right the fonts are: Hoefler Text 6.5pt, 55 Helvetica Roman 7.5pt and GeoSlab712 10pt.

These three text blocks use different typefaces and point sizes but they all lock to the same baseline grid. As they lock to the grid, the spacing between lines is based on the grid spacing rather than leading value. Left to right the fonts are: Hoefler Text 6.5pt, 55 Helvetica Roman 7.5pt and GeoSlab712 10pt.

These three text blocks use different typefaces and point sizes but they all lock to the same baseline grid. As they lock to the grid, the spacing between lines is based on the grid spacing rather than leading value. Left to right the fonts are: Hoefler Text 6.5pt, 55 Helvetica Roman 7.5pt and GeoSlab712 10pt.

字型是编排在基线之上的。然而有些字母，比如"o"的尺寸会稍微大一些，这是为了保持与其他字母一样的视觉效果，因为如果尺寸和其他字母一样大，它看起来会小一些，所以它排在基线下方一些。其他有这种特征的字母，如具有"碗"型底部的字母"t"和"d"也使用了同样的方法。

f n o t d

客户：Why Not Associates 工作室

设计：Why Not Associates 工作室

版式设计概要：该设计的基线网格被显露了出来，正文也被进行了强调。

介绍 Why Not Associates 工作室的第二本书

此书由 Why Not Associates 工作室设计，用显露的基线网格和用黄色标注的正文表现出了一种设计的动感。上图显示了设计师制作页面结构的具体细节，与下图以图为主的自由版面空间形成了强烈的对比。

交叉对齐

交叉对齐是指不同层级的文字如正文、主题和标题，在同一网格中对齐，并且相互联系的一种对齐方式。

此段落是基于紫红色基线编排的，每条基线为24磅。尺寸和行间距之和为24磅的任何字体，都可以采用此基线来编排。

以下是三个例子，以证明上述结论。

左侧段落：标题尺寸为24磅，因此在一个基线网格中只编排了一行字。

中间段落：正文字体尺寸为10磅，行间距为2磅，这意味着（10+2）×2=24磅，因此在一个基线网格中编排了两行字。

右侧段落：旁注字体尺寸为7磅，行间距为1磅，并采用了斜体来进行更明显的区分。此外（7+1）×3=24磅，因此在一个基线网格中编排了三行字。

This title is set in 24pt, solid.

One line of type fills one line of grid.

This body copy is set as 10pt Sabon Regular on + 2pt leading. This means that the two lines of this body copy coupled with its leading is equal to 24pt and therefore fits in the baseline grid.

One line of heading, two lines of body copy or three lines of captions extend for the same depth down the column.

These captions are set in 7pt type with + 1pt of leading. They use an italic to create a more visible differentiation.

Three lines at 7pt set with + 1pt leading per line equals 24pt, therefore three lines of captions will align with two lines of body copy and one line of title type.

客户：Van Kranendonk画廊的艺术项目
设计：Faydherbe / De Vringer 设计工作室
版式设计概要：该设计采用了显露的基线网格，文本框式的编排格式与裱图框相似。

《宽阔的视野》（ *A Wide View Up Close* ）

《宽阔的视野》是一本以荷兰摄影师委纳达·戴罗（Wijnanda Deroo）拍摄的8个农民和他们的农场图片为特色的书。照片中印有戴罗对农民的采访文字，旨在使读者更好地了解农民的生活。

设计师采用了基线网格的形式，通过浅色的白线把一些富有生活情趣的图片有秩序地并置在了一起。这表明，应用基线网格可以使文字编排更加灵活并相互关联。文字段落的外边缘由网格组成，它们与处理图片时采用的裱图框相似，使整本书既统一又富有变化。

标题、图注和正文在同一网格基线上，创造了一种富有凝聚力和结构感的设计。

无网格设计

网格为设计元素的编排提供了结构方案,但有时应用网格也不一定适宜。在应用网格之前,要考虑纸张本身的质地以及设计师预想的视觉呈现方式。

尽管放弃网格可以使设计师产生更多的设计创意并拥有更大的发挥空间,但是,设计师必须控制这种做法,以免做出无效果的设计。即使设计师放弃了网格,其潜意识中也仍然要有一定的准则指导其进行设计或帮助其做出正确的设计决策。在这种情况下,结构依然存在,只是不是网格的产物罢了。

名为"茶"的建筑物(The Tea Building)(右页)

楼盘的宣传册风格一般比较保守,但是这幢以"茶"命名的楼盘的宣传册设计却十分有意思。Studio Myerscough工作室采用了混合字体,与理查德·李德(Richard Learoyd)的照片搭配得很好。因为这是一幢用于出租的大楼,所以设计者采用了特殊的字体来吸引顾客的目光。这些特殊的字体被编排在了没有装修的地方,或是装修没有完成的地方。

客户： Derwent Valley
设计： Studio Myerscough设计工作室
版式设计概要： 该设计的编排具有空旷感，文字采用了比较随意的编排方式。

交叉对齐 / 无网格设计 / 采访设计师马丁和卢皮

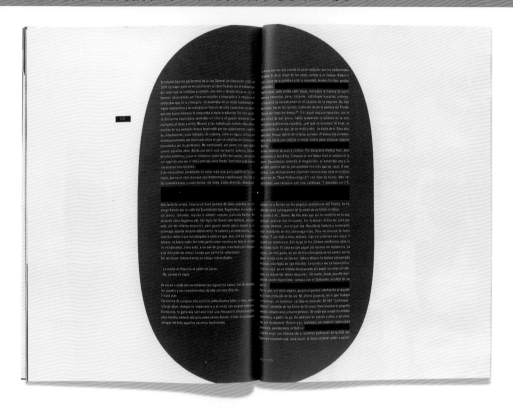

PAPEL ELEFANTE 第三期

这份由位于巴伦西亚的艺术画廊Colour Elefante出版的杂志每一期都由不同的设计师设计。在这一期中,设计师拉维尼亚和西恩富戈斯(Lavernia & Cienfuegos)使用具有象征性的灰色造型来放置文字,体现了文字的重要性和重量感,并使刊物的文字得到了与艺术同样突显的效果。这仍然是基于网格的设计,与先设置好的规则和尺寸相比,这种手法更具有直觉性。同样的道理,色块设计也要考虑到形状、形式、数量和文字。

客户： Elefante杂志
设计： 拉维尼亚和西恩富戈斯
版式设计概要： 该设计中的色块为文字元素的放置创造了一个自然的网格。

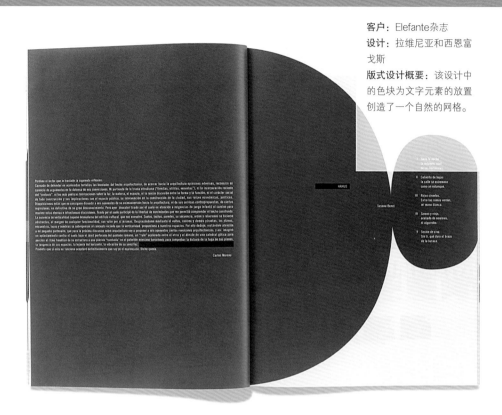

交叉对齐 / 无网格设计 / 采访设计师马丁和卢皮

客户：Production Type设计机构

设计：设计师朱利安·莱利弗（Julien Lelievre）

版式设计概要：该设计颠覆了常规的网格形式。

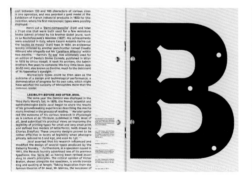 

Gemeli Micro 字体使用样本

该设计是Production Type法文设计机构的Gemeli Micro字体的使用样本，由设计师朱利安·莱利弗设计制作。通常这是使用网格和文本层级的典型例子。然而，这些页面的呈现方式创造了一种全新的风格，就好像它们是随意粗略地贴在出版物上的影印品——这颠覆了传统网格，给人一种该设计集合了从各种来源收集来素材的印象。

交叉对齐 / 无网格设计 / 采访设计师马丁和卢皮

客户： 贸易工业部、英国贸易投资总署

设计： Studio Myerscough设计工作室

版式设计概要： 该设计采用了叠印且书写流畅的文字。

《英国：充满游戏的国度》
(*The UK: State of Play*)
（左图）

在E3互动式贸促会（E3 interactive entertainment trade event）上，英国顶级电脑游戏公司使用了一本名为《英国：充满游戏的国度》的宣传册。Studio Myerscough工作室制作该宣传册时采用了一种特殊的编排方式——图片和文字的编排穿越了书籍装订线，并且采用了黑体与黄色背景叠印的方式来表现文字。此举旨在体现一种与游戏产业相符的精神：年轻、活力。

Zembla 杂志（右图）

*Zembla*是一本国际性的文学杂志。这期杂志由Frost Design工作室设计，设计师故意没有采用网格的形式来设计，因为这样可以使设计更富有多样性，也可以使设计师采用特殊的平面设计方法来制作一些独立的跨页。这种方式非常实用，可使设计内容呈现出多样化、可变性的效果。

客户：Zembla杂志
设计：Frost Design工作室
版式设计概要：该设计无网格的编排方式使设计要素和内容的编排更具有多样性。

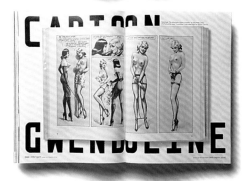

采访设计师
马丁（Martin）和卢皮（Lupi）

两点（Two Points）设计工作室的设计挑战囊括了书籍和编辑设计的传统惯例。你能解释一下你是如何用这种方法工作的吗？

我们从未学过如何做书籍或杂志，但我们在印刷术方面接受过从瑞士到德国的教育，通过了解这些规则让我们有了能够打破常规的能力。我们知道如何根据内容结构建立一个视觉框架，从视觉上区分不同信息类型的层级关系，在做这项工作近20年后，我们有了更多经验，知道什么行得通，什么行不通。为了使设计变得更有趣，这些年的不断尝试和犯错是必要的。

哪些方面会影响你，从而作为设计习惯？

任何地方或事物都有可能。什么事情都可能不经意间影响到你，即使是一百年前的东西，或者是超市里两种产品的颜色组合。当我们的项目中有一个非常明确且强大的影响力时，我们总是会提到激发我们灵感的作者和作品。我们无需隐藏我们的资源，因为在每个项目中，我们都试图发掘一个创意，一种独特且可以称之为我们自己的东西。这就是创新对于我们的意义：将事物革新。没有人能凭空创造出新的东西，即使是新的也是基于已存在的事物。这说明应诚实面对自己的影响力并在历史中找准自己的位置。

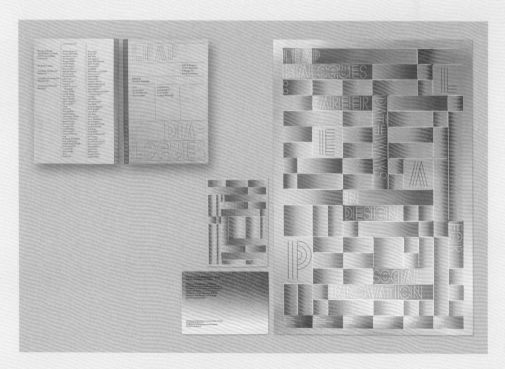

你如何将这些习惯适用到新媒体中？

我们不分新旧媒体。它们都是我们现如今通讯工具的组成部分。有些媒体已经存在了较长时间，但如果它们不再关联，将不复存在。当需要设计一个灵活的视觉标识时，我们会开发一个视觉系统来掌控所有媒体上的应用程序。这里没有阶段一或阶段二。如果我们试图将为"旧"媒体设计的东西转化到"新"媒体中，是行不通的。你必须同时考虑两者。同样，当我们做书籍的时候，我们不会在最后才考虑纸张和生产，而是同时进行所有的事情。

你如何提升编辑设计？是否有新的领域或方法？

我们首先会与作者和编辑讨论并试图弄清楚它将成为什么样的出版物，以及它应如何被呈述。然后我们会建立一个概念并把它转换成视觉语言。一旦我们弄清楚需要哪几种不同信息类型，我们就会为每种类型设计一个版式。所以，当我们编排一本书时，我们只需要根据内容组合这些版式。当我们看到所有页面铺开时，可能会需要调节这些版式，这样做也更易于调节编辑设计中的戏剧性。从第一天起，制作就是讨论的一部分。一方面因为它是预算中的一个重要因素，另一方面也因为它占设计的50%。粗制滥造的出版物仅有制作精良的出版物一半的价值。

你的习惯中有什么设计准则吗？

学习、教学、实践是我们的座右铭，但我们没有任何设计准则，我们会不断打破这些准则。

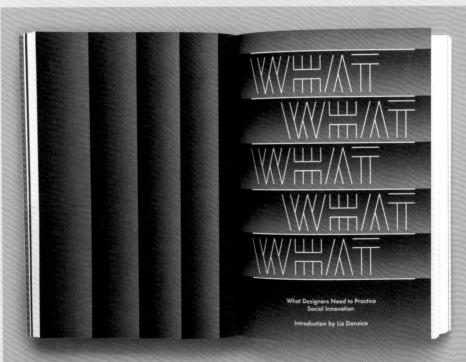

Chapter 3 页面上的设计要素

文本和图像是版面中最关键的组成部分，它们须以一种有效的传达方式呈现给读者。设计的传达能力受到大量因素的影响：例如，文本和图像相对于其他元素的位置，页面的焦点，文本对齐方式以及留白的处理。

版式的紧密度和围绕文本及图像的空间总量是设计考虑的关键点。许多设计师常觉得必须填满这些空间，而不是利用它作为设计特征。紧密排列的元素会带给设计快速的节奏感，然而当合理运用空间时则会产生更好的宁静感，如下一页的例子所示。

"达到完美，并非在无法补充时，而在无法减去时。"
（法国）职业飞行员、作家——安托尼·德·圣埃克苏佩里
（Antoine de Saint-Exupéry）

维多利亚旅游局（Tourism Victoria）

这本由3 Deep Design工作室为维多利亚旅游局设计的宣传册，由于其对图像的偏爱，版式结构几乎没有明显的变化。封面正面的文本"墨尔本（Melbourne），维多利亚（Victoria），澳大利亚（Australia）"和背面的"开放（Open），发现（Discover），探索（Explore）"使用了局部印光油。在宣传册内部，明亮的灰色图像几乎没有注释，其间的白色页面调节了文献的节奏感。

客户：维多利亚旅游局
设计：3 Deep Design工作室
版式设计概要：该设计使用出血印刷图像，并在图像上附有小磅值的文字注释。

页面上的设计要素

分栏和栏间距

分栏和栏间距是放置文字和图像时需要考虑的最基本要素。

分栏
分栏是编排图像的向导,它用垂直划分的空间编排文字。

栏间距
栏间距,也就是栏与栏之间的距离,用于分开文字栏。此外,栏间距还指两个页面中间的部分,如下图所示。这个中间的部分通常会留作空白,但是文字和图像也可以印刷在上面,这时要注意以下几点。

- 会有一小条图像不显示;
- 图像通常被印刷在不同的部分,因此不必严格按照分栏来编排;
- 文字需要穿过书脊时,需要采用适当的字号,以使装订中被遮住的部分显示出来。

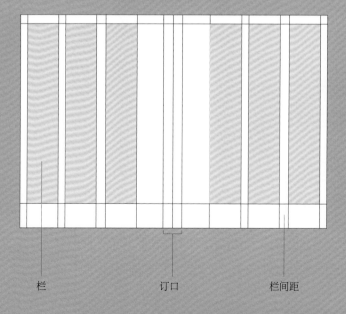

栏　　　　　订口　　　　　栏间距

客户：英国文化委员会
设计：理查德·霍利斯（Richard Hollis）/ 斯图尔特·贝利（Stuart Bailey）
版式设计概要：该设计创造性地使用了栏间距。

关注我——英国时尚和摄影展，1960年至今
（Look at Me-Fashion and Photography in Britain,1960 to the present）

这本书与一个旅游展览都是布雷特·罗杰斯（Brett Rogers）和沃·威廉姆斯（Val Williams）为英国文化委员会设计的。如何把文字与图像编排在单一的版式中，是版式设计中最常见的挑战之一。在这本书里，不同的部分在编排文字时使用了几种不同类型的网格。此页图像展示的是附录页，下图使用了传统的两栏形式，上图的图像尺寸多样并且采用了出血形式。

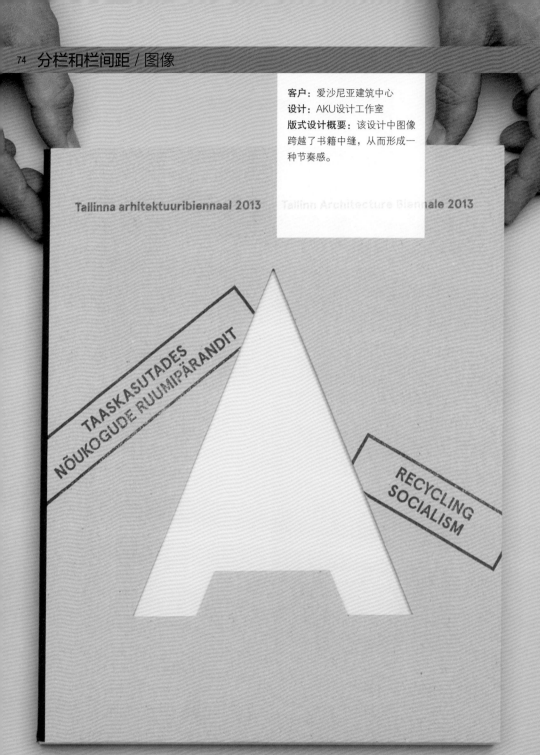

客户：爱沙尼亚建筑中心
设计：AKU设计工作室
版式设计概要：该设计中图像跨越了书籍中缝，从而形成一种节奏感。

塔林建筑双年展

图像来自于由AKU设计工作室为爱沙尼亚建筑中心设计的塔林建筑双年展目录册,特征鲜明的切入点为内容搭建起层级结构。当你开始用页面上各种元素来讲述故事时,切入点是希望人们在设计中首先看到的地方。

在这些精选的页面中,切入点的建立是通过纵向或横向使用摄影作品来占据大部分页面,以及使用大号字体作为文本页面的页眉或标题,使其看起来像学术期刊。请注意该设计中,一系列尺寸递减的照片是如何被用来引导读者浏览页面的。

图像

图像是很重要的平面设计元素，它能带给设计生命力。无论是作为整个页面的重点还是次要点，它在传达和交流信息中都起着关键作用，同时也是建立设计作品视觉形象的重要因素。

在设计中可以灵活地，用多种方式应用图像，正如贯穿此部分的例子所示，可以用出血图、裱图框形式，或者一个变化的网格模式来编排图像。

此外，基础的版式设计准则可以帮助设计师在一个统一的风格下编排图像，并进而与其他设计元素进行和谐地搭配。

客户：Jones Garrard公司
设计：Roundel设计工作室
版式设计概要：该设计的文字编排在网格之中，但图像的编排很灵活。

Jones Garrard 公司

此宣传册是Roundel工作室为Jones Garrard公司设计的，其设计特点是文字被编排在了狭小的文字栏中，并与具有流动感的图像相结合。

该宣传册文字编排的位置具有连续性和多样性的特点。出血图像增加了版面的活力，标题字位于页面的最右边，而引言字体的磅值较大并离正文比较远。

页面采用了手风琴式的折叠方式，以尺寸逐级减少的形式进行裁切，这样可以使读者看到前面的页面和后面的页面，并能使他们快速浏览宣传册的标题。

分栏和栏间距 / 图像 / 对齐方式

客户：45 Tabernacle街
设计：Form Design工作室
版式设计概要：该设计采用了简单的垂直网格，并将文字和图像编排在了两栏。

45 Tabernacle 街

这个简单的单折页印刷邮寄广告品由Form Design工作室为伦敦一房地产公司设计。设计师采用了简单的垂直网格，并将文字和图像编排在了两栏。这种直白的信息编排结构与简明易懂的项目图像搭配得很和谐。

这个基线设计辅助网格每格为10磅，分别由8磅和2磅的基线组成，共有21条基线。通过此网格可以把文字与图像（底部图像的位置与基线刚好重叠）清晰地区分开来。这也是编排的普通标准。

编排好图像和文字后，版面最后形成了一系列的网格或不同的区域。本页版式设计的形式是每张图像都配有相应的文字，而且图像的宽度与文字栏的宽度相等。

好的版式设计会令人感到非常整齐并且有统一感，差的版式设计则容易让人感到压抑并且有阅读困难——特别是当整个印张或出版物的版面排满了密密麻麻的文字的时候。

客户：花旗银行

设计：North设计工作室

版式设计概要：该设计采用了高位置图像编排方式，图像右边印刷出血，呈现出了一种运动感。

花旗银行摄影奖
(Citibank Private Bank Photography Prize)

此目录册由North工作室为2001花旗银行摄影奖设计。图像和字体的编排呈现出了一种贯穿全书的运动感。

对这些毫无装饰的图像进行编排加强了它们的戏剧性。图像印刷在页面的上方，从而留出了一个狭窄的上页边距与一个较宽的下页边距，更加强了这一效果。此外，图像右边印刷出血，呈现出了一种水平运动感，并与其他页面产生了一种自然的联系。

缩进的文字段落，虽然仍受到排印的限制，但还是呈现出了一种运动感。大号缩进与长破折号的使用则使这种运动感更加强烈，这种效果是小破折号不能达到的。

这些文字的编排建立了一种文字层级，无形中形成了一种文字的秩序感，使出版物充满了活力和动感。

对齐方式

指字体在垂直层面或水平层面段落文本中的位置。

垂直对齐
文字的垂直对齐可以是居中对齐、上对齐或底端对齐。

水平对齐
文字的水平对齐可以是左对齐、右对齐、居中对齐或两端对齐。

上对齐/左对齐/不规整的右侧
此段落采用了垂直对齐中的上对齐形式。此外，段落还采用了左对齐形式，形成了不规整的右侧边缘。

底端对齐/左对齐
此段落与页面的底部对齐。

上对齐/右对齐/不规整的左侧
此段落采用了垂直对齐中的上对齐形式。此外，段落还采用了右对齐形式，形成了不规整的左侧边缘。

垂直居中对齐/文字居中
此段落为居中对齐，但会妨碍阅读，因为段落开头很难找到。

上对齐/文字居中
此段落采用了居中对齐，并位于页面的上方。

底端对齐/文字居中
此段落采用了居中对齐，并位于页面的底端。

水平和垂直两端对齐
两端对齐的文字段落左边和右边都与页边距齐。页边距太大会造成大量的留白，太小会使文字之间的空间不合理。两端对齐还会出现单词被强行断开等问题，但合理的断开通常被认为是可行的（不是强行地突出很大的空间，并把单词置于不同文字行之中）。垂直两端对齐由于增加了文字段落编排的网线，会使行间距或多或少地产生变化。

上对齐

上图散页中的三栏文字采用了上对齐的形式，整体感觉比较正式，文字编排较统一。

下对齐

上图的三栏文字与底页边距下对齐，尽管有些另类，但这种编排方式增加了整个页面的活力。

左对齐

上图的文字排列采用了左对齐的形式。此外，在处理不规整右侧的文字时要格外谨慎，确保没有文字被单独落下。

右对齐

上图黄色的文字采用了右对齐的形式。此类对齐方式不适用于编排正文，但是却适用于编排、展示文字。

居中对齐

上图的标题采用了水平和垂直居中对齐的形式。通常，居中对齐不适用于编排正文，但适用于编排标题。

两端对齐

上图的文字采用了两端对齐的形式，让人感觉十分正式。但是在对齐文字时，必须考虑其中连字符号的处理。

页面上的设计要素

图像 / 对齐方式 / 连字符号和两端对齐

客户：Schweppes摄影人像图像奖
设计：NB: Studio设计工作室
版式设计概要：该设计将正文编排在页面底部，照片采用了裱图框形式。

勒口使封面的重量加倍，并使其更加牢固。

《Schweppes 摄影人像图像奖》（*Schweppes Photographic Portrait Prize*）

小标题在《Schweppes摄影人像图像奖》的扉页上。右对齐的简洁文字与微露边缘的出血印刷、封面顶部和底部相互呼应的宽尺寸勒口形成了鲜明的对比。

书中内页的好多照片都采用了裱图框形式，标题则采用了以橙色为主色的大磅值字体印刷，从而建立了一个简单明了的字体层级体系——标题位于页面的上方，页首标题位于页面的下方。此外，图像采用的与页面下方对齐的方式，使整个版面的信息层级十分明确。

Schweppes Second Prize Winner
Victor Albrow

From Diane Arbus to Mary Ellen Mark, identical twins have been a constant source of fascination for photographers. Edinburgh-based Victor Albrow continues this tradition with his portrait of Lachie and Callum, the five-year-old sons of friends. 'There is something very interesting about twins,' explains Albrow, 'fifty-one. Lachie and Callum are completely integrated with one another – almost as if they are a single organism. They are always being stopped in the street by tourists who want to take their picture.'

Rather than photographing the children at home, Albrow posed them at his studio, pasting up vintage 1960s wallpaper as a backdrop and seating the boys at a table picked up from a second-hand furniture shop. Using a Mamiya RZ67, he was less concerned with exploring issues of identity than simply creating a striking image.

'I'm not remotely interested in reportage. My work has always been very stylised; I like artifice and abstraction,' he explains. 'For the picture of the twins, I was more interested in the graphic qualities they brought to the image. I don't believe photographs need to have a stated concept or meaning in order to affect you – that's why I've always liked the look of advertising images. Too much fine art photography lacks a strong visual impact.'

Four years ago, he began working on more personal projects, inspired by developments in digital technology. 'I was a jobbing photographer for a long, long time,' he says. 'Only in the past few years have I started to produce something that has a recognisable style, and it's beginning to pay dividends.

'I've always liked special effects and a lot of my work is heavily Photoshopped – though the image of Lachie and Callum isn't. At one stage I thought I would have to combine a couple of shots to get the result I wanted. The boys are serious buzz-bombs and were flying around at high speed. But in the end, it was just a straight shot – the only frame from about five rolls where they are both performing at the same time.'

Interviewed by Richard McClure

连字符号和两端对齐

使用连字符号的目的在于使文字栏看起来更整洁,并使其避免出现不雅观的空白。所以,连字符号的应用对于设计师来说是十分重要的。

合理地拆分单词不会影响文字的阅读,最理想的方式是根据其音节来拆分(少于或等于四个字母的单词不可以被拆开)。从以下三个例子中,我们可以看出将窄栏进行两端对齐并非易事,它涉及到了许多技巧与方法,因为电脑会忽略文字中的连字符号(它只会顾及程序中存在的连字符号),所以下面左侧例子中的单词间距不统一。

In any given piece of text, hyphenation and justification settings alter the overall appearance or 'colour' of the copy block. Word spacing, letter spacing and hyphenation settings all contribute to how a piece of text will appear.

In any given piece of text, hyphenation and justification settings alter the overall appearance or 'colour' of the copy block. Word spacing, letter spacing and hyphenation settings all contribute to how a piece of text will appear.

In any given piece of text, hyphenation and justification settings alter the overall appearance or 'colour' of the copy block. Word spacing, letter spacing and hyphenation settings all contribute to how a piece of text will appear.

此段落的单词间距分别为标准值的75%、100%、150%。字母间距没有变。
由于没有应用连字符号,所以段落中的单词不可以被合理地拆开,这意味着在文字段落中会出现一些不易察觉的空隙。第四行单词之间很松垮,而第六行则很紧凑,这种编排方式就形成了"弧行"。

上段文字的字母间距与左侧的字母间距相同,惟一不同的是其在段落中加入了连字符。
连字符使文章段落更加规整。但是,第五行的单词之间仍然有空隙。

此段落的磅值最小为标准值的85%,最大为标准值的125%,所以字母间距增加或减少5%都在标准值的范围之内。

虽然编排文字的栏太窄,但是,适宜的对齐方式使段落整体上看起来很整洁,连字符号在其中起到了很好的作用。

在上一页的最后一个例子中，对单词和字母间距都进行了调节，才使段落这么整齐。即使电脑可以为你做这种调节，你自己也要考虑怎样调节更为合适。因为它不仅影响栏中文字的排版，而且还影响了整段文字的外观。如果文字间距太紧，字体之间会互相影响，如果文字间距太大，不仅外观难看，而且也不便于阅读。

自动连字符号的价值在于编排大篇文字时它所起到的作用。如果编排的是小篇文字，那么手动调节也是可以的。

以下例子展示了改动单词间距和字母间距后的视觉效果。

altering word spacing

单词间距，顾名思义，指单词之间的距离。

altering word spacing

增加单词间距，会使词与词之间的距离随比例增大。

loose spacing

normal spacing

tight spacing

字母间距的大小影响了单词之间的距离。字母间距有三种主要形式：宽松、正常和紧凑。在具体实践中还有一些更具体的数值来限定这三种形式。

字体层级

字体层级是针对正文标题的一种有逻辑的、有组织的视觉导引体系。它通过字体磅值的大小和风格来区分不同字体信息的重要性。

A标题（主标题）通常是指一篇文章的大标题，它一般采用最大磅值的字体或最粗的字体来显示其重要性。此处就是采用了粗体。

B标题（副标题）是第二层级，字体磅值或字体粗细通常要比A标题小一些，细一些，但比正文字体要粗大一些。B标题一般包括章节标题（这里是用下划线表示）。

与A标题和B标题相比，C标题（第三层级）是最小的。它的磅值或许与正文的文字一样，可用斜体与正文字体进行区分。

正文是指标题下的文字段落。还可通过加大正文与C标题之间的距离来强调字体层级。

客户：巴塞尔国际学校
设计：Form Design工作室
版式设计概要：该设计采用了简单的字体层级，并使用黄色突出了视觉效果。

巴塞尔国际学校

这份巴塞尔国际学校的宣传册采用了一个简单的字体层级。盒子的封面上只有一个标题，并采用了暖色的无衬线圆角字体印刷，强化了设计的主体——这是一本采用瑞士字体印刷的瑞士宣传册。

宣传册内页独特的黄色背景突出了文字，并能指导读者获取主要信息。为了更加明确文字的结构，它把重要文字的背面也印成了黄色——使其成为视觉指引的一部分，从而使整个宣传册的视觉效果更加统一。

连字符号和两端对齐 / 字体层级 / 排列

客户：RMJM / Gustafson Porter公司
设计：Marque Creative / Urbik设计工作室
版式设计概要：该设计醒目的平面标题抓住了信息的本质。

RMJM / Gustafson Porter: Wellesley Road and Park Lane, Croydon
International Urban Design Competition, Expression of Interest, December 2008

WORLD CLASS IDEAS

RMJM & GUSTAFSON PORTER HAVE DISTINGUISHED TRACK RECORDS IN DESIGNING AND DELIVERING INNOVATIVE PUBLIC BUILDINGS AND SPACES ON TIME TO BUDGET.

They are joined by Thomas Matthews and Intelligent Space to provide specialist input on public participation and consultation and on pedestrian movement and modelling in public space.

Traffic engineering and planning has been considered by Arup. Real Optionz is an early-stage development consultancy with an integrated approach to rationalising mixed-use, urban or resort destinations, which combines market, spatial and financial assessment and helps focus the vision.

This section highlights projects by team members which have informed our proposals for Croydon.

Our experience is organised in themes to reflect the issues we think need to be addressed in Croydon.

Together they show the range of imagination and experience of the team, and our ability to develop and deliver innovative concepts in numerous contexts.

'IN DREAMS BEGIN RESPONSIBILITY'
WB Yeats, quoted in Alsop and Croydon Council's *Third City* document

'A BUILDING WITHOUT A DREAM IS A BUILDING. A BUILDING WITH A DREAM IS ARCHITECTURE. GOOD ARCHITECTURE REQUIRES A CLEAR CONCEPTUAL ASPIRATION AND AMBITION. ARCHITECTURE, DIFFERENT FROM MERE BUILDING, MUST APPEAL NOT ONLY TO OUR SENSES BUT ALSO TO OUR INTELLECT.'
From RMJM's *Inside Out, Outside In*.

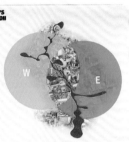

《东方遇见西方》(*East Meets West*)

这份报纸的版式服从内容的需要,将主要的信息简洁地提取出来,并将读者的注意力吸引到标题上,从而创造出一种明晰的信息层级。

排列

以文本和图像为主的不同元素将组成一个设计，这些元素可以被视为单独的组件，用清晰的差别来将其区分排列在页面上。

或者，可以将它们组合起来形成无缝呈述。可以通过许多不同的方式实现，如下一页的案例所示。

摄影集《打开麦克风音量2》(Open Mic Vol 2)

如图所示的摄影作品选自于摄影师埃文·斯宾塞（Ewan Spencer）的摄影集《打开麦克风音量2》，由纪子（Y-u-k-i-k-o）设计工作室为时装品牌马斯·威克福德（Thomas Wakeford）设计制作，该设计用整页的文本间隔在全版面摄影图像之间作为设计特点，营造出简单而有效的平衡感和节奏。这些基本元素与内容风格的排列构成该版式设计的基础。

客户：由纪子（Y-u-k-i-k-o）设计工作室
设计：时装品牌托马斯·威克福德（Thomas Wakeford）
版式设计概要：该设计采用全版面的摄影和文字来营造平衡感和韵律。

页面上的设计要素

字体层级 / 排列 / 切入点

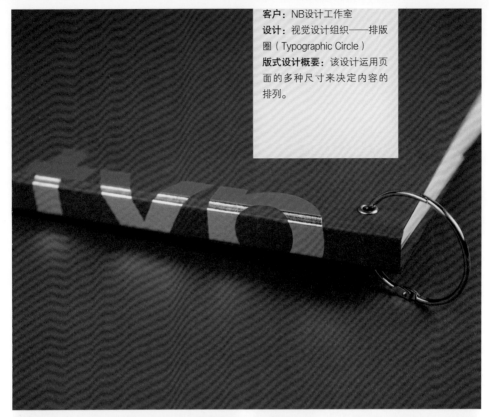

客户：NB设计工作室
设计：视觉设计组织——排版圈（Typographic Circle）
版式设计概要：该设计运用页面的多种尺寸来决定内容的排列。

排版圈（The Typographic Circle）刊物

排列通常被认为是在页面或屏幕上放置文本和图像的基本任务，但是NB设计工作室为非营利的视觉设计组织排版圈所做的这个设计，将所有对设计和排版感兴趣的人聚集起来，提醒了我们，纸张工序也是排列的一种方式。在这里，页面的多种尺寸影响并支配了内容的去向，同时也建立起了版式框架和秩序感，以及有趣且触感独特的设计要素。

> **客户：** 泰晤士和哈德森（Thames & Hudson）出版社
> **设计：** Transmission设计工作室
> **版式设计概要：** 该设计的排版形式遵循摄影和图形的内容。

设计书籍《简化》(MIN)

这些页面来自于一本关于极简设计的书籍，由Transmission设计工作室的艺术总监斯图尔特·托利（Stuart Tolley）设计制作，这本书的特点在于其版式直接依照书中的图形内容进行编排。例如，单词"几何（geometry）"与其前一页对立面的三角图形位于同样位置，且占据大致相同的空间。同样，肖像照片的注释也被缩减为每个人名的首字母，且被放置在与肖像中人物头部位置一致的对立页面上。

这种排版方式引导设计师以最简洁、省力的状态去处理排版的问题，其结果给人一种非正式、轻松的感觉。偶然因素的引入使该设计产生了意想不到的排版形式和布局。

排列 / 切入点 / 节奏

切入点

切入点是指引我们从何处开始阅读的视觉助手。例如，报纸上的文字会被不连续的组块划分，因为如果没有这个划分，内容就会太紧，而且会让人难以阅读。

放置切入点可以在页面或者网页上形成戏剧性的视觉效果，典型的设计方法包括使用颜色以及转变字体和字号的大小。除了"图形"质量，切入点的"内容"同样需要考虑。以报纸为例，标题通常要比正文的字号大，同时它也是内容的提要或者"线索"。

浏览和阅读

作为设计师，我们经常会考虑纸张或者网页上的文字是否会被"阅读"。实际上许多文字都不会被"阅读"，但是它们可能会被"浏览"。视觉跟踪软件可以调查人们如何浏览一个页面，从而找到切入点。正如页面设计有那么多变化一样，图案设计也是如此。因此没有绝对的规则，但是有潜在的行为准则，如下图所示。

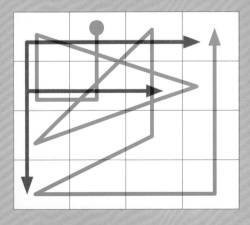

一般来说，我们会从左上角开始阅读，视线呈"F"形（如红色线所示），或者随意浏览一个页面，并于页面的右上角结束浏览（如蓝色线所示）。理解这些图案的目的是正确放置重要的信息。通过把页面分成一系列的方格，可以很明确地看出一些内容比其他内容更活跃。在接下来的页面中，我们会看到一些关于切入点和眼睛浏览图案的例子。

客户：牛津米制集团
设计：Z3设计工作室
版式设计概要：这是一本以一系列平面切入点来进行视觉引导的年鉴。

牛津米制集团（OMG）PLC 年鉴

这本年鉴展示了在设计中使用切入点的方法。左页中的主标题吸引了读者的注意。这个标题与一个色彩规则相结合，将读者的视线引导到了对页上（右页）。图像的放置跨越了订口，将读者的视线引向文字。一个被放大的内容提要（文章提要）占据了页面右上角的活跃区域，从而能有效指引读者阅读接下来的文章。这本年鉴使用了具有创造性的版式设计、多变的字号和彩色的平面元素。

认真放置元素有助于引导读者在印刷读物上甚至在屏幕上进行阅读。尽管有科学的理论支撑，但是版式设计同样与艺术密切相关。设计师需要通过一系列的练习来培养一种放置这些项目的"感觉"。

排列 / 切入点 / 节奏

客户：新当代艺术博物馆
设计：Project proiects设计工作室
版式设计概要：该设计的版式创造了有力的切入点。

新当代艺术博物馆

图为2014年阿拉伯文化当代艺术展"在这里和其他地方（Here and Elsewhere）"的目录册。其具有独特的版式介入元素，包括线条的使用和被空白环绕的压缩字体，从而为内容提供有力的切入点。该设计传达了一种紧迫感和直观性，反映了该地区社会和政治的动荡。

排列 / 切入点 / 节奏

客户：法国格勒诺布尔剧院
设计：Catalogue设计工作室
版式设计概要：该设计使用文本和照片作为切入点。

法国格勒诺布尔剧院

页面选自Catalogue设计工作室为格勒诺布尔剧院设计的目录册,其特点是使用照片和大号字体作为切入点。页面中的演员信息被一张占据重要地位的方形肖像照片所支配,而他们的名字用中号字体注释在照片旁,使其弱化并从属于照片。而其他页面则颠倒了这种层级关系,大号的文本标题左右了较小的照片位置。

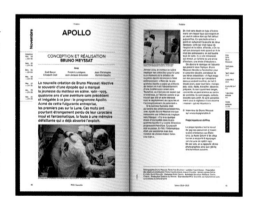

排列 / 切入点 / 节奏

客户：Bibliotheque设计工作室
设计：劳伦斯·金（Laurence King）出版社
版式设计概要：该设计运用标签增添视觉趣味。

平面设计师为了使页面既具备视觉趣味性又不影响读者轻松阅读的能力，其文本的排版带来了各种挑战。设计师掌握的各种排版技巧能够把成块的文字转换成更具有吸引力的东西，并展示其不同之处。

《新策展人》（*New Curator*）

图中展示的是《新策展人》一书，由Bibliotheque设计工作室为出版社劳伦斯·金（Laurence King）设计制作，展示了对26位国际策展人的26次采访。为了打破常规情况下学术性主题的单调性，Bibliotheque工作室用矩形框注释使每个图像看似为一件艺术品。每个策展人的脸都被注释掩盖以突显出另一个关键主题，即策展人往往是一个项目背后的隐藏人物。请注意设计师是如何参照框架或绘画来使用纸板保护书籍角落的。

节奏

所有的文字作品都有节奏。有些段落读起来很快，而有些段落则需要更多的思考。

这既适用于网站上的视觉内容，也适用于书本中的视觉内容。浏览网页或者印刷物时，我们既可以对其进行仔细阅读和研究，也可以快速浏览它们。

控制节奏
平面设计中的一些方法可以用来控制节奏。图表或者色块可以作为视觉上的停顿——使读者停下来。但是讽刺的是，读者对待大的文本更倾向于浏览，而不是阅读。这就是说，读者不需要逐字阅读每一个单词就可以明白内容的大致意思。

研究表明，大号的文字适合浏览，而小号的文字则适合阅读。正如我们在前一页所看到的那样，大的文字是切入点，读者不需要全部阅读它，它的作用是将读者指引到一个特殊的位置。在设计印刷物或者网络上的一系列页面时，我们要考虑如何使它们成为一个系列，而不是如何将它们安排在一个地方。即使是一个好的设计，在整本书中重复出现，也会很快变得很无趣。同样，如果每个页面完全不同，则将失去和谐感和整体感。能够不使用过于有力和过于醒目的设计形式和视觉噪音来吸引读者，是设计的关键。下面我们将看到"略缩图"如何增强整本书或者网页的节奏。

Ikon 画廊——不证自明（Ikon Gallery–Self Evident）
非洲Ikon画廊举办的摄影展的目录单有明确的节奏和图案形式。它既有统一的设计语言，比如说裱图框，也有多变的元素。下一页在白色页面上编排图像的例子，使用了出血的装饰性图像、颜色块来引导视觉停顿，结果形成了有控制的页面或者图案，既令人激动，又多样统一，给了摄影图像足够的呼吸空间。这个设计没有应用过于有力和过于醒目的设计形式，但效果同样明显。

客户：Ikon画廊，伯明翰（Birmingham）
设计：Z3设计工作室
版式设计概要：这是一本使用形状和颜色来增加节奏的展览策划书。

客户： Manual Creative设计工作室

设计： 食谱著作家金·库什纳（Kim Kushner）

版式设计概要： 留白使设计富有节奏感和戏剧性。

《现代菜单》（*The Modern Menu*）

图中展示的是食谱著作家金·库什纳编写的《现代菜单》，由手动创意设计工作室设计制作。该设计以裱图框的形式使用大量变化的留白为特点。明亮的白色背景下拍摄的食物使设计富有节奏感和戏剧性。

客户：埃迪西奥内斯·达加
（Ediciones Daga）出版社
设计：设计师塞巴斯蒂·罗德古兹（Sebastian Rodriguez）
版式设计概要：该设计中图像的呈现方式统领了全书节奏。

《早期的书》（Early Book）

展示页面选自视觉艺术家本杰姆·奥萨（Benjamín Ossa）的作品集。由设计师塞巴斯蒂·罗德古兹为埃迪西奥内斯·达加出版社设计。这是一个可视化的练习和对创造性过程的反思，其内容主要展示艺术家感兴趣的现象的一般性和内部层面的认识。本书使用整页或整面的摄影和裱图框的留白来打破文本并调节出版物的节奏。

采访创意副总监
亚历克·多诺万（Alec Donavan）

布鲁斯·莫（Bruce Mau）设计工作室以涉及艺术、建筑和出版等众多不同学科而闻名。您是如何将这些领域的各种技能融入到设计中的？这种工作方式是否使您更加了解如何去运作一家设计公司呢？

跨越不同学科的工作可能具有挑战性，但它永远不会无聊。正因我们经常致力于全新类型的项目，所以我们一直处于学习的状态。这对我们有好处，对工作也有好处。 不成为某方面的专家使你更自由、更有创造性地去思考可能产生的结果。我们也非常相信设计思维是一种可以转移到任何领域或媒介的技能。编辑设计的确给像环境设计这样的领域带来了不同的挑战和机遇，但是，如果你用战略性和概念化思维来面对每一个问题，你就会开始发现它们是多么相似。

新书《新式老龄化》（New Aging）以简洁的信息层级和颜色分类为特征来界定顺序和清晰度。你能描述一下实现这种简化的过程吗？因为这是设计师经常无法做到的。

在写作和即兴喜剧的世界里，人们常说"杀死汝爱"。有时，对设计而言这也是一个很好的建议。如果你追求简化、秩序和明确，那么在决定什么是必要、什么不是时，你必须要冷酷无情。这意味着你最喜欢的元素可能会阻碍设计的进行。我们总是试图在主观偏好和产品功能之间取得平衡。

你能谈谈《新式老龄化》(New Aging)中有关版式设计的一些具体选择吗？

我们想让《新式老龄化》对任何人都适用。这就影响了从插图风格到字号大小，再到颜色和对比度的所有选择。但版式能使其以一种更现代的方式被读者理解：我们生活在一个略读、速阅和滚屏的时代。越来越多的证据表明，人们不再通读大量的文本除非事先有一个扼要介绍。我们希望书中内容尽可能多地传递给投入程度不同的人，我们以极度简化字体和图像的排版来实现这一点。我们在每一页的中间直接放置一个超明确的插图或一个超短的标题。即使有人以闪电般的速度浏览页面，他们也会对一些重要的想法有一定的理解。通过这种方式，人们可以更好地了解生活和老龄化，无论他们是否拥有世界上所有的时间，或仅有几秒的空闲时间。

你如何看待设计师的职能从交流传播向多平台快速响应的转变呢？这给予了设计师更多还是更少的支配权，它是如何影响设计准则的呢？

当越来越多的传播方式转向多平台快响应时，我们试图不去过分担心可能会因此丧失的支配权。想想这种转变下我们所获得的自由会更鼓舞人心。我们有了更多的时机去思考设计上线之后的事情。我们开始去探讨它会如何随着时间的推移或在不同的平台和应用程序之间的演化。如今标准化和模板化设计可能会变得越来越难，但这也是成为设计师令人感到兴奋的原因之一。

Chapter 4 形式和功能

设计作品的版面形式由其本身的功能、设计理念、所要传达的信息、应用媒体以及目标受众决定。

在基本版式设计原则的基础上，进行高度的创新设计，既可以设计出具有功能性并具有良好平衡感的设计作品，又能很清晰地呈现页面上的各种设计要素。

"理解之前的简单是过分的简单；理解之后的简单是简洁。"

——爱德华·德·博诺（Edward de Bono）

《父与子》（Father+Son）

这本小书由Aboud Creative设计公司为Violette Editions公司设计。它由两本书合订而成，左侧的书主要印有哈罗德·史密斯（Hardd smith）的照片，右侧的书主要印有保罗·史密斯（Paul Smith）的照片。

此设计使读者能够同时看两本书和不同风格的照片。哈罗德的照片几乎是黑白的，也有被复制翻版成棕褐色的。保尔的照片则十分明亮，色彩达到了高度的饱和。

该书每一页照片都采用了裱图框的形式，格式比较简单——几乎所有的图片都以白边衬托。

客户：Violette Editions公司
设计：Aboud Creative设计公司
版式设计概要：该设计使用了限定的规格和具有裱图框的图像。

拆分书

我们经常将书（或者网页）理解为集合相关内容、格式统一的页面。这固然正确，但我们同样要考虑如何拆分这些信息以创造明确的、有节奏的版式。

拆分素材的方法
可以用一些常见的技巧来拆分一本书中的素材。

自然拆分
包括使用不同的纸张来使一本书产生自然的变化。如在不同的纸质上印刷不同的内容，或者在一本书中使用不同尺寸的纸张，如右页所示，或者如接下来的几页所显示的那样，通过探索如何使用一本书来进行设计。

介入设计
包括使用版式设计转变节奏，以及在一本书中"揭露"信息。比如重复主旨或者更换图片以及内文方位。一个简单的例子是用不同尺寸的文字和图片创造一种间隙或者停顿。这通常出现在章节的开头，或者在书中有明确信息划分的位置。

这些技术都能够为设计增加明确性和趣味性。

国际字体设计师协会（ISTD）（右页）
国际字体设计师协会雇用了不同的设计工作室来设计期刊杂志。这本期刊由Cart-lidge Levene工作室用两张经过剪切、折叠和裁边的海报制成。这种设计与传统的网格设计——用网格来区分空间截然不同，它为图片位置以及信息层级的设计提供了自由的空间。

客户：国际字体设计师协会
设计：Cartlidge Levene设计工作室
版式设计概要：该设计的版式是由格式决定的，而不是由网格决定的。

形式和功能

拆分书 / 风格挪用

客户： 加州艺术学院Wattis协会
设计： Aufuldish + Warinner设计工作室
版式设计概要： 目录册被分为两个部分，每一个部分都有封面。

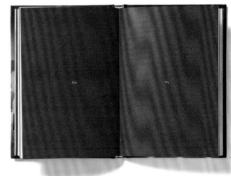

《意外的荣誉》(*Sudden Glory*)

特别存在的世界

这两本展览目录册由Aufuldish+Warinner工作室为加州艺术学院Wattis协会（CCA Wattis Institute）设计。设计师把出版物分成了两个部分来分别介绍艺术展览。每本目录册都有自己单独的封面，并且两个封面是相反的，以此来表示这是两本书。这是一个分割书籍不同内容的既简单又有效的方法。

红紫色散页（中间右图）是两本目录册的结合页。上面两张散页和中间第一张散页摘自《特别存在的世界！》(*How Extraordinary that the World Exists!*)，剩下的散页摘自《意外的荣誉》。

客户：曼哈顿罗夫特公司
设计：North设计工作室
版式设计概要：该设计的图片采用裱图框的方式编排，文字采用了非对称网格编排。

圣菲利普斯教堂，斯特拉特福路（St Philip's Church, Stratford Road）

这本书是为曼哈顿罗夫特公司（Manhattan Loft Corporation）设计的。翁拜劳·罗兰兹（Amber Rowlands）在这本书的前面重复使用裱图框来展示图像，这种做法也赋予了这些图像一定的共性。本书前面的部分印刷在了一面为发亮的铜版纸，一面为Chromolux的胶版纸上，后面的部分印刷在了光亮的灰色纸上。

客户：Design Museum出版社——《新兴》(In The Making)
设计：Studio Build工作室
版式设计概要：该设计运用色彩为出版物编排索引。

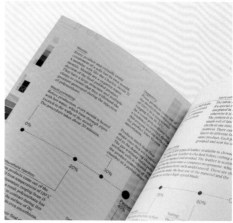
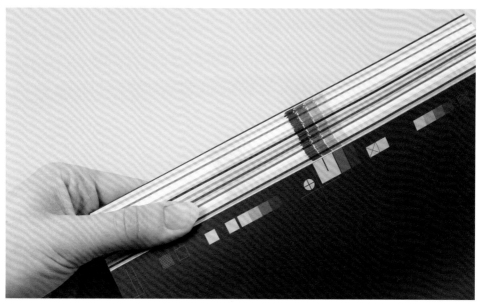

Design Museum 出版社 / 设计师巴贝·奥斯格比（Barber Osgerby）

图为《新兴》(In The Making) 一书，是由Studio Build工作室设计的限量版书籍，内容是关于设计博物馆出版社 / 设计师巴贝·奥斯格比策划的展览，且侧重介绍所有展品。此设计被作为谢礼送给贷款方。书中的每一件展品都是一个章节，且每一章节都被印在不同颜色的页面上，从而作为内容区分或索引的一种形式。这本书的边缘被裁切得像一道彩虹，从绝大多数单调的白色出版物中脱颖而出，令人耳目一新。

风格挪用

风格挪用是指将别人的设计风格挪为己用并作为设计的基础。或许是纯美学的原因，或许是编排信息的需要，风格挪用通常通过模仿一些设计的特点来达到"借用"的目的。此外，风格挪用还可以增加设计的可信度和美感。

寻找影响
有无数的灵感资源可以被人们借用。平面设计被艺术或者上层文化所影响是很正常的，但也可以受所谓底层文化的影响。这包括我们日常生活中的事物，比如收据、安全信号、机票、本地的平面项目、档案项目、寻物启示和街道标语等。

客户：Fourth Estate公司
设计：North设计工作室
版式设计概要：该设计给传统的版式设计注入了新的活力。

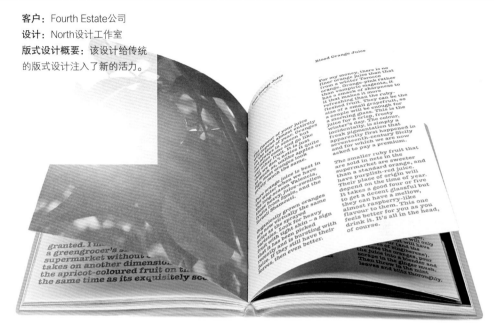

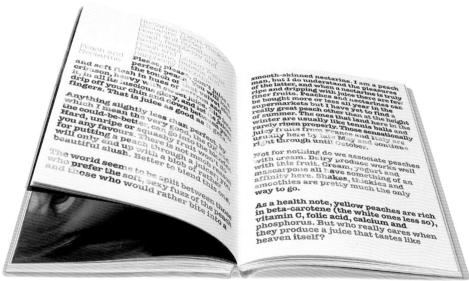

《渴》（*Thirst*）

这本尼格·斯雷特（Nigel Slater）的食谱是North设计工作室设计的。设计师给传统的版式设计注入了新的活力，很好地解决了怎样生动地展示一系列食品介绍的问题。设计中应用了美国打印混合字体、亮色印刷的成份列表和标题以及粗体的正文文字。文字本身形成的抽象画再加上安杰拉·莫莉（Angela Moore）拍摄的色彩柔和的图片，使整本书呈现出了丰富的视觉感受。

拆分书 / 风格挪用 / 拼接

客户： Birkhäuser出版社
设计： Studio Myerscough设计工作室
版式设计概要： 该设计用不同的纸张对出版物进行了区分。

栏宽和图片尺寸的多样化创造出了一种电子版的剪贴簿效果。宽阔的页边距使图片和标题编排起来很容易。

应用信息层级等原则把信息编排在一个特定的区域。例如,用表格的方式可将信息编排得很清晰。

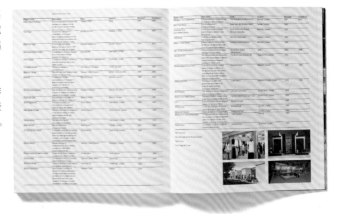

宣传册——建筑与阿尔福德·豪·摩纳罕·莫里斯（Allford Hall Monagham Morris）的办公室

此书由Birkhäuser出版社出版,主要记录了当代建筑师阿尔福德·豪·摩纳罕·莫里斯（AHMM）的建筑设计作品。Myerscough设计工作室根据书的名字具体设计了此书的规格（手持式书籍）。书的后半部分采用了无附膜的黄色纸印刷,使术语表的视觉效果非常好,前半部分采用了丝面纸印刷。此外,纸张的不同使出版物自然地被分成了两个部分,并且每个部分都有其特定的内容和材质肌理效果。

拼接

拼接是一种超现实主义设计技巧，追求的是编排图片或文字时产生的令人愉快的偶然性效果。

这个设计理念源于一个序列游戏。游戏前，几个人背对着对方在纸上写一些字或画一些图，然后折叠成小纸块传给身旁的人，最后接到纸块的人要按照纸上的内容进行表演。

这一理念被设计师采用并应用在了设计之中。设计师使用拼接的方式，有意识地选择或加工一些设计元素，使它们之间相互协调，如右页所示。

这些手法可能会产生"不合理"性或者随机性，甚至是荒谬性的元素。它们创造了一种有趣的、预料之外的形式，并且可被用来解构常规的作品。

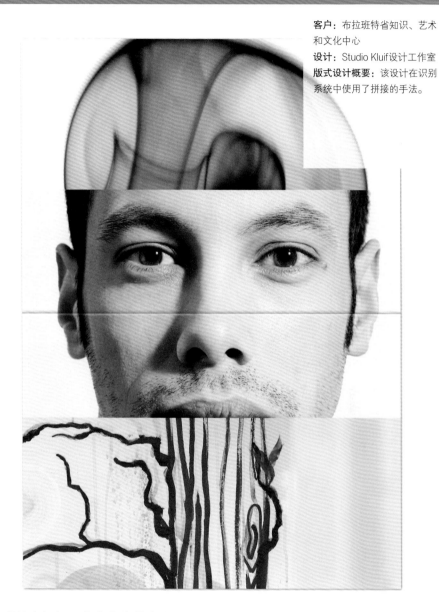

客户：布拉班特省知识、艺术和文化中心
设计：Studio Kluif设计工作室
版式设计概要：该设计在识别系统中使用了拼接的手法。

布拉班特省知识、艺术和文化中心
(Brabants Kenniscentrum Kunst en Cultuur, BKKC)

Studio Kluif工作室在为布拉班特省知识、艺术和文化中心，简称BKKC设计识别系统时使用了拼接的手法，以显示这是一个雨伞组织。该手法把艺术、音乐、电影和文学等不同学科组织到了一起。每门学科均在信纸的设计中有所反应。这些信纸背面为不同的视觉内容，与精心整理的正面相比，给人一种更加协调的感觉。这种设计更有活力，更灵活而且更有趣——这正是布拉班特省知识、艺术和文化中心所希望的设计。

128　风格挪用 / 拼接 / 装订

客户：发现、分享：杂志图片展览
设计：奈杰尔·比尔森（Nigel Aono-Billson）
版式设计概要：该设计将图片并置在了目录册的内封上。

发现、分享（Found, Shared）

发现、分享：杂志图片展（Found, Shared: the Magazine Photowork）的目录册重点关注杂志中不寻常的"照片"。展览由大卫·布里廷（David Brittain）策划，左图展示的目录册是奈杰尔·比尔森设计的。牛的照片来自汉斯·阿尔萨曼（Hans Aarsman）、克劳迪亚·德·科林（Claudie de Cleen）、朱利安·杰曼（Julian Germain）、艾瑞克·科赛尔斯（Erik Kessels）以及汉斯·凡·德·米尔（Hans van der Meer）出版的第5期实用摄影杂志。图片印刷在封面封底的内封中，创造出了一种图文并置的有趣气氛。

拼接 / 装订 / 采访Non-Format设计工作室

装订

装订是指根据不同规格和要求，采用不同的加工方法，制成便于阅读、使用和保存的印刷品。装订方法有很多（如打孔装订、骑马订、钢圈装订），不同的装订方法对页面的要求也不一样，所以它将直接影响版式的设计。

采用打孔装订的出版物需要较大的内页边距，因为书在打开时，书脊处会相互挤压。采用钢圈装订的出版物页边距上不应有文字内容，因为在装订时要进行打孔处理。

艺术基金会（The Arts Foundation）（右页）

此宣传册包含了英国艺术基金会2003艺术奖的所有候选设计师、诗人、纪录片制作人、演员的名单和他们的简介。

版式设计和格式都是随意的、无组织的，没有具体的结构形式（此类设计方式变得越来越流行了）。

图片与文字被编排在了4张形状不规则并且经过折叠的纸张上，再加上塑料纤维带装订，整本宣传册极富特色。这种设计也反映出了艺术奖涉及领域范围之广泛。

客户：艺术基金会

设计：Studio Myerscough设计工作室

版式设计概要：该设计采用单根塑胶带装订了4张不同尺寸的页面。

采用塑胶带的装订方法使整本小书极富特色，此外，这也是一种组合页面的好方法。传统的装订方法有太多的结构限制，缺少活力和自由。

形式和功能

客户：Violette Editions出版社
设计：Frost设计工作室
版式设计概要：该设计的图片采用了裱图框的方式编排，并采用了大磅值的字体印刷。

双重游戏

这本书的设计特色是图片采用了裱图框的方式编排——四周被空白空间所包围。

装订线是书分页最好、最有效的办法（右下图）。但是，由于文字在此处消失（右上图），所以人们会忽略它的存在。

此外，大磅值的字体印刷形成了一种空间压迫感，体现出了一种纽约式的设计风格。

客户：维雷伊纳宫
设计：Bis Design工作室
版式设计概要：该设计灵活应用了网格。

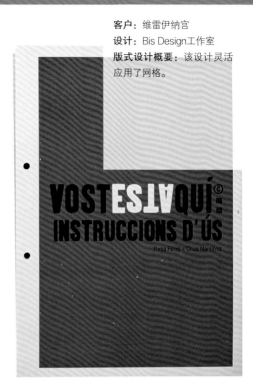

《你在这里》（*You are here*）

这本宣传册是为在维雷伊纳宫（Palau de la Virreina）举办的一次现代艺术展览设计的，它将许多不同艺术家的作品编排在了一个单元中。Bis Design工作室采用了一个固定的版式网格，但是可以应用它进行灵活的编排来表现不同艺术家的作品和他们的个性。该版式设计的特点是页面颜色简单，内页边距上有两个装订孔，文字栏的宽度与图片的宽度相同（中图）。

形式和功能

采访Non-Format设计工作室

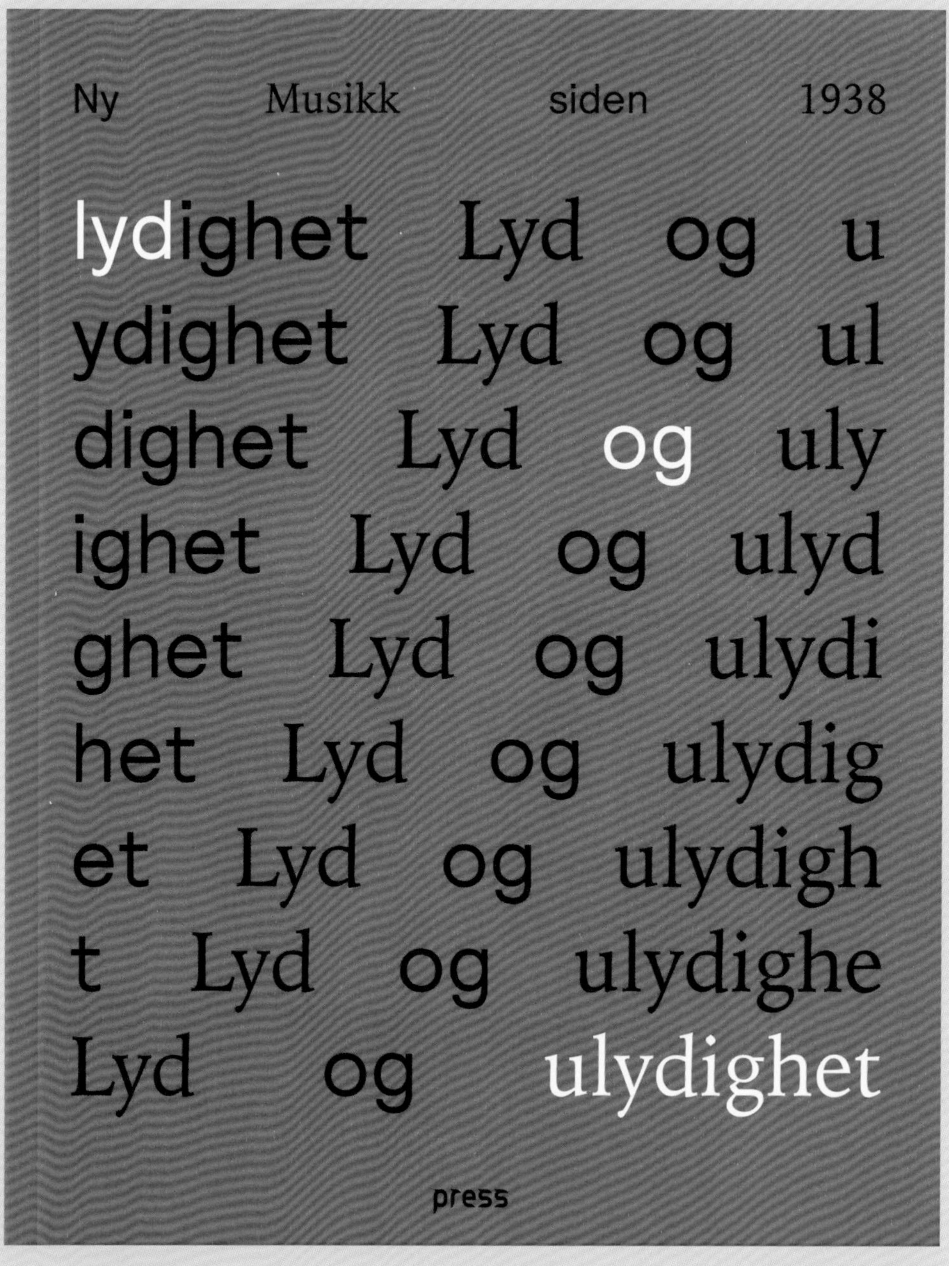

Ny Musikk siden 1938

lydighet Lyd og u ydighet Lyd og ul dighet Lyd og uly ighet Lyd og ulyd ghet Lyd og ulydi het Lyd og ulydig et Lyd og ulydigh t Lyd og ulydighe Lyd og ulydighet

press

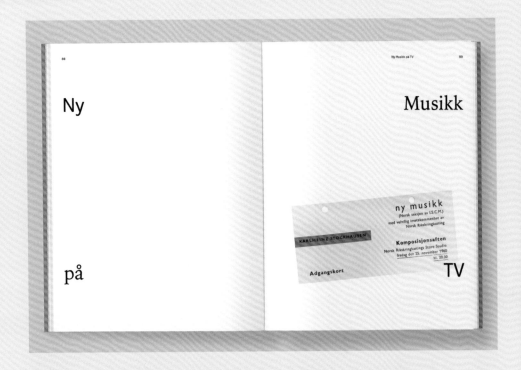

作为Non-Format设计工作室的作品,《新音乐》(nyMusikk)一书是通过一套非常慎重和国际化的设计准则及方式来明确传达其内容。你能解释一下你是如何以这种方式工作的吗?

我们从客户那里得到的设计摘要差异较大。有些内容的本质属性很强,另一些则更广泛,适合甚至需要找到一个全新的视角来传播。我们常说,设计师永远不应该问客户想要什么,而应该问他们想要达到的目的。很重要的一点是我们不会再做证明过的方案假设。人们极易陷入某个特定的问题,导致很难再后退看到更全面的景象。我们的宗旨是,在做出任何真正的设计决策之前与客户彻底地探讨其内容,并尽全力弄清楚其核心需求。事实证明,《新音乐》(nyMusikk)一书的摘要的确相当具体。他们对自己想要和不想要的东西有一个明确的想法,尽管这让我们很容易就能找到了一个设计解决方案来响应这个摘要,但在说服他们推进这个项目的过程中却付出了相当多的努力。

什么影响了你的设计习惯？

事实上我们并不太清楚。我们只是照常看见生活中的东西，它渗透在我们的工作中。但这永不会是这个问题想要引出的答案，所以我们只会说，我们都对传达一个明确的信息感兴趣，且要富有情感和想法。在现代主义和后现代主义之间有一个奇怪的无人区，这似乎就是视觉设计的归属。我们认为没有比日本更典型的例子了。大多数日本设计并不害怕表达明确的情感，但它倾向于用最少的元素来描述，这也是我们努力的方向。

如何将这些原则适用于新媒体？

媒体是什么并不重要，我们坚持以等同的方式去对待每件事：简洁并富有情感。

当设计师处理客户不太通晓的问题时，比如留白的意境和避免过分的装饰。他们之间的关系是怎样运转的？

我们不太关心应该如何留白，也不会太在意我们的作品是否会被认为是装饰性的，我们的客户也不太关心这些问题。我们对设计方案总是有一个很好的解释，在此情况下，基本原则对我们而言比形式更重要。或说，客户来找我们是因为他们赞同我们的设计方式，彼此能充分理解地创造有利成果。我们希望我们的网站上有足够的作品让客户产生期待我们实现的创意。

习惯中有任何设计准则吗？

实际上是没有的。我们有一些共同的设计方法，当然这就使得创造的结果有相似之处，但我们没有你所说的准则。层级关系是我们最关心的部分，明确但绝不过分情绪化地传达。一般来说，我们更愿意打破规则而不是制定规则。

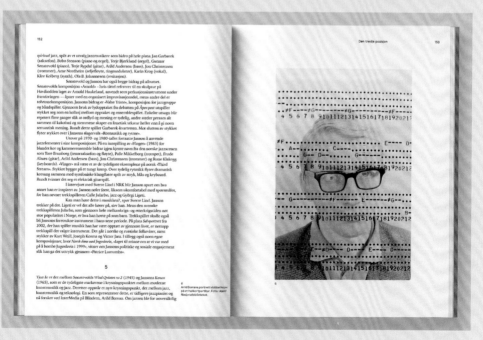

Chapter 5 版式设计的应用

版式设计的主要作用是使元素，特别是图像元素发挥出它们应有的作用。作品中的图像能增加戏剧性和情感效果，但是这些图像如何与读者交流则取决于它们的呈现方式。

版式设计如何通过图像的呈现来增强或引入特别的感觉或意向？下面几页将会给出示例。

"规则：插图尺寸的差别越小，设计作品就越让人感到平静。网格作为控制系统，可以使在合理组织的页面或空间设置插图更为简单。"

——约瑟夫·穆勒·博洛克曼

Diesel 服装品牌（右页）

这个出版物由设计了Diesel品牌的KesselsKramer设计工作室设计。出版物的封面是一整块帆布，而不是相邻的左页和右页，一则手写的信息被粘贴在了上面。出版物对订口的考虑比较少，但居中并垂直对齐的标语有效地增强了视觉效果。

客户：Diesel服装品牌
设计：KesselsKramer设计工作室
版式设计概要：该设计采用了一整页的文字说明。

尺度

在设计术语中，尺度（Scale）是指用于图像和文本的大小。出于本书的目的，我们研究了版面上这些元素的尺度。由此产生的抉择影响了我们对图像的重视程度。

比例较大的图像能主导整个版面并成为视线焦点，但将图像做得太大可能令人产生窒息的感觉。反之则可能丢失或忽略其中所包含的视觉信息。

我们需要从宏观角度考虑版面要素——设计的整体画面，元素间的焦点及其关联——同时我们也需考虑微观事物，即细节的推敲和抉择。

布林·迪·唐娜（Blain Di Donna）艺术画廊

页面选自纽约布林·迪·唐娜艺术画廊策划的"沃霍尔：杰奎琳"展览的目录册。作为传奇的公众人物，前美国第一夫人杰奎琳·肯尼迪（Jacqueline Kennedy）是设计师安迪·沃霍尔（Andy Warhol）一系列作品的焦点。该目录册的版式特点是被裁切了的超大文本，使其像是流失在页面的出血线外。全版面的肖像照片和大量的留白，传达了一种距离感和重要性，反映了沃霍尔对她的印象。

客户：布林·迪·唐娜
设计：布林·迪·唐娜
版式设计概要：用尺度和空间去表达作品。

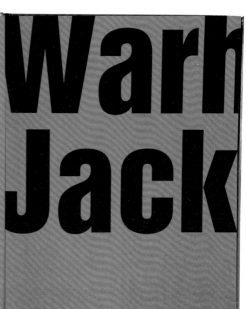

客户： 托比·理查森
设计： Voice设计工作室
版式设计概要： 这是一个展示摄影师作品的大开本出版物。

《更多的单体、组合和女王》（*More Singles, Couples and Queens*）

这本书展示了被丢弃的床垫和其他废弃物。澳大利亚艺术家兼摄影师托比·理查森（Toby Richardson）把它们看作是一种文化宝藏。书的封面是一张被丢弃在街道旁的床垫的照片，左图展示了书中的一系列双联页，这些双联页提升了整本书的华丽感。

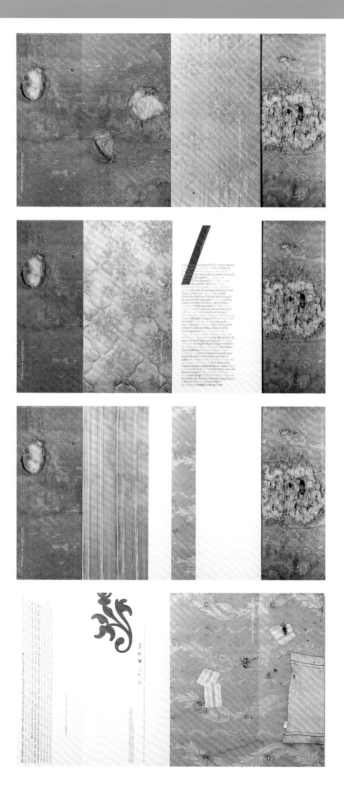

144　尺度 / 索引

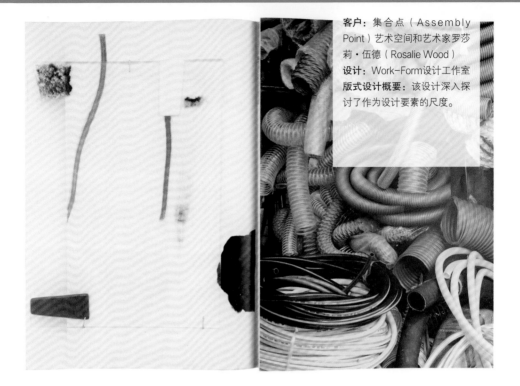

客户： 集合点（Assembly Point）艺术空间和艺术家罗莎莉·伍德（Rosalie Wood）
设计： Work-Form设计工作室
版式设计概要： 该设计深入探讨了作为设计要素的尺度。

尺度

尺度不仅与出版物的大小有关，还与页面上的设计要素有关。尺度有助于建立层级关系和首要信息来引导读者观看最重要的内容。

图中是《回到事物本身》(Back To The Things Themselves)一书的内容，该书是为伦敦佩卡姆地区的当代艺术空间集合点（Assembly Point）开幕展而发行的出版物。艺术家罗莎莉·伍德（Rosalie Wood）的项目展品《翅膀》(Wing)、《亮片》(Sequin)、《樱桃石》(Cherry Stone)、明信片和报纸均由Work-Form设计工作室制作。请注意该设计中赋予字体的尺度是如何将其提升为图形元素，从而增加文案本身实际含义的重量感和刺激性。同样，大尺寸图像提供了使我们能够专注于细节的机会，将它们从我们通常看不到的常规环境中分离出来。

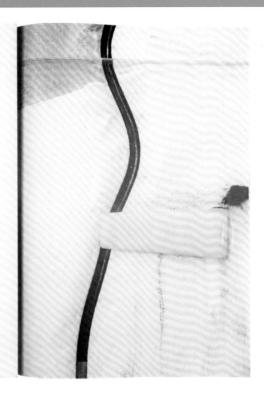

2

You stand in an alley,
stroked insolently
by an aggressive beggar.
Somewhere a door slams,
glass shatters, and an
ironic remark is heard.

索引

许多类型的出版物都需要运用多种不同的形式——目录、索引、术语表或联系方式等来刊载一些附属的信息。

编排多种字体并传达不同的信息,从设计的角度来讲并非易事。在本章的一些例子中,设计师用了不同的方法来设计索引(不影响设计的主体效果),旨在达到与正文之间的协调与融洽。

Westzone 出版社——生活的新角度(New Angles on Life)

此目录册由Rose Design设计工作室为Westzone出版社设计。目录册的前后勒口上印有标题和作家的名字。页面上的银色条中印有每本书的具体介绍。每页上的箭头都指向了作者的名字,并把它们与册子中的图片联系在了一起。

为了全面树立出版社的品牌,被选进目录册的图片都是Westzone出版社的优秀图片。右页上图中的美国国旗看起来像是丝网印刷的,此外,右页下图中洋娃娃的眼睛在闪烁,看起来里面像有一连串的感叹号。

客户：Westzone出版社
设计：Rose Design工作室
版式设计概要：该设计将介绍作者详细情况的文字编排在了星条旗的最上端，并通过带有箭头符号的识别系统使所要传达的信息更明确。

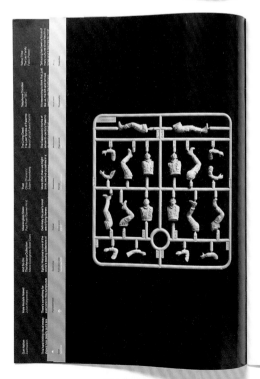

导向

导向是指设计要素的编排方向。文本和图像通常排版为水平从左到右的顺序来阅读。当版面使用纵向或有角度的方向时，往往是为了主张某种特定的设计审美，因为这样做能使读者反复阅读，从而更专注于获取信息。这可能会刺激读者花更多精力阅读，但也可能导致负面影响，使读者失去阅读的兴趣。

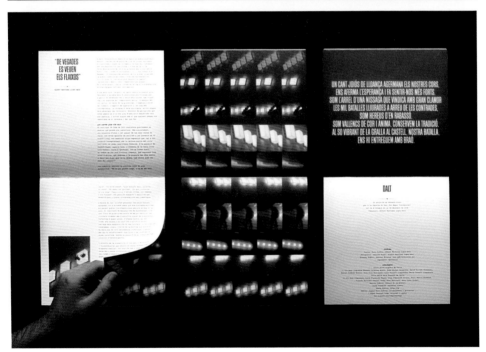

客户：斯拉夫文化论坛
（Forum of Slavic Cultures）
设计：伊洛瓦·斯特里塔
（Ilovarstritar）设计工作室
版式设计概要：该设计在连续变换阅读导向的情况下始终保持了其识别性。

艺术家肯尼特·鲁索（Kennet Russo）

为艺术家肯尼特·鲁索（Kennet Russo）设计的目录册以纵向版面上文字的混合排列为特点，让设计具有不拘一格的动态表现方式。

导向的主要类型

垂直导向是我们最熟悉的类型之一。几乎所有的印刷项目、书籍、报纸和网站通常都用这种方式编排内文。

Vertical orientation is often used to contrast against this. It is particularly useful for headings, and large-format information. Arguably, it is harder to read, but it does make a strong graphic statement. This setting is also sometimes called 'broadside'.

斜线导向主要有两种方式，或者呈45°角，或者分别为30°角和60°角。通常正文会交叉地换向，其角度之和一般为90°角，如下图所示。

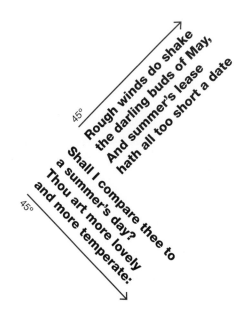

正文呈顺时针或者逆时针的45°角。

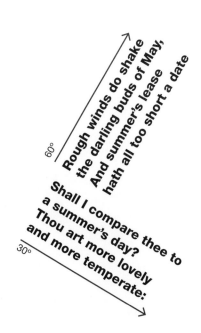

正文分别呈30°角或者60°角。

1919年在德国魏玛建立的包豪斯学院（Bauhaus）喜欢使用这种导向方法，正因为如此，它的平版印刷作品中经常有30°角和60°角的设计。这个方法后来被应用在了字体设计和平面设计中。

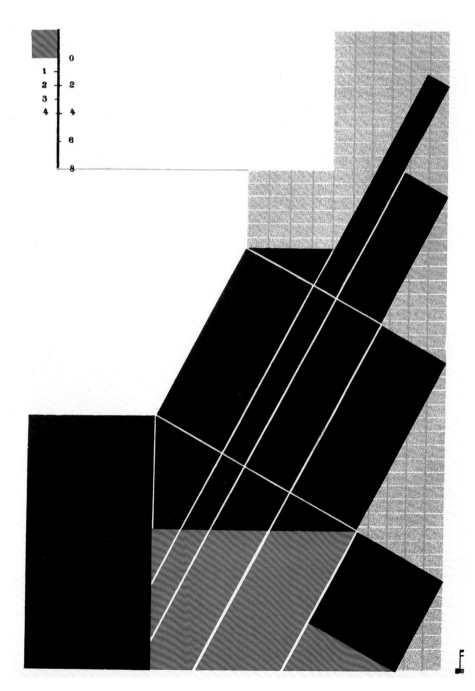

客户：西格尔表演艺术中心
（Segal Centre for Performing Arts）
设计：Mookai设计工作室
版式设计概要：该设计强有力地纵向增强了版式的清晰度和特征。

蒙特利尔国际依地语（Yiddish）戏剧节

图中的视觉形象和营销宣传材料来自于第一届国际依地语（Yiddish）节，由西格尔表演艺术中心主办。该节日的特色是具有八个国家的参与者，强烈的印刷符号体现了这一特征。且多向的排版为设计增添了节奏和动感。

客户：记者玛丽亚·莫雷诺
（Maria Moreno）
设计：Empatia设计工作室
版式设计概要：该设计通过改变文本导向的方式来调整出版物的节奏和秩序。

采访集《我们之间》(Entre Nos)

图为阿根廷记者玛丽亚·莫雷诺（Maria Moreno）的采访集，由位于布宜诺斯艾利斯的Empatía设计工作室设计制作，以不同的文本排列导向为特色点，营造出一种秩序感和节奏感。

页面区分

通过分配设计中多种元素空间,设计师在区分页面时将其视为一系列的连接模块,而非独立的单元。因此这些模块可以被单独地或整体地调节。

有许多技巧和方法可以实现这种区分。通过使用纸张工艺从物理上区分页面,也可以使用网格、分割线或色块来强制区分。此外,还可以使用框架、裱图框或留白进行区分,如下图所示。

在任何情况下,您都应先思考为什么需要区分页面,以及你希望达到的效果。对于某些设计项目而言其答案非常直接。例如,一个展览的目录册通常会需要区分图像和注释。而越复杂的文档则需要更复合的页面区分。通常使用纵向区分促使读者暂停阅读,因为它们在排版中起着中断的作用;反之,横向区分则会引导读者翻阅,如下图所示。

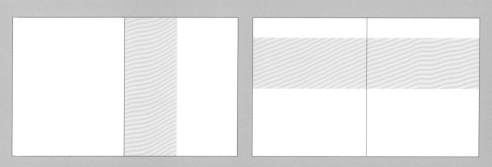

纵向区分会促进读者暂停或停止阅读。

反之,横向区分引导眼睛从左向右阅读并翻向下一页。

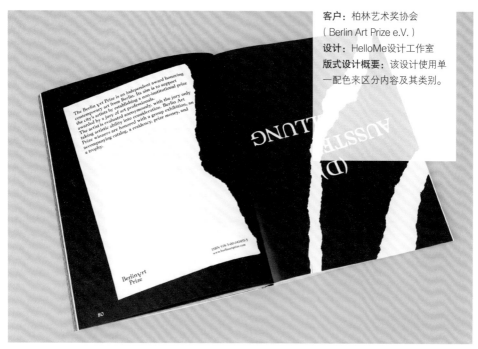

客户：柏林艺术奖协会
（Berlin Art Prize e.V.）
设计：HelloMe设计工作室
版式设计概要：该设计使用单一配色来区分内容及其类别。

柏林艺术奖协会

图中展示的是2014年柏林艺术奖的目录册，由HelloMe设计工作室设计制作，其独特之处在于采用黑色填充空白，在页面上进行大胆的空间区分。展览主题探讨了紧张、友谊和竞争。通过复刻撕裂的纸张生动地传达了此主题的情感，这些纸张与黑色的页面形成了鲜明对比，并用来将特定文字制作成撕裂效果。

客户： 美国科罗拉多州现代艺术馆

设计： Aufuldish + Warinner 设计工作室

版式设计概要： 该设计采用了不同尺寸的正文和图片，以及经过多样化处理的标题、脚注、页码和首页标题。

《洞察力／对话》
(Insights/Dialogues)

此宣传册由Aufuldish + Warinner工作室为美国科罗拉多州现代艺术馆（Colorado Contemporary Arts Collaboration）设计。设计采用了不同尺寸的黄色块面来表现文字和图片。所有的正文都采用了两端对齐的方式编排；标题和脚注则采用了右对齐的方式。脚注在网格中形成了一个个文字小方块，页码位于页面的中间，而标题则位于右页的外边距内。此外，有些正文还采用了垂直的编排方式。

客户：Phaidon出版社
设计：Frost设计工作室
版式设计概要：该设计使用图片来区分章节。

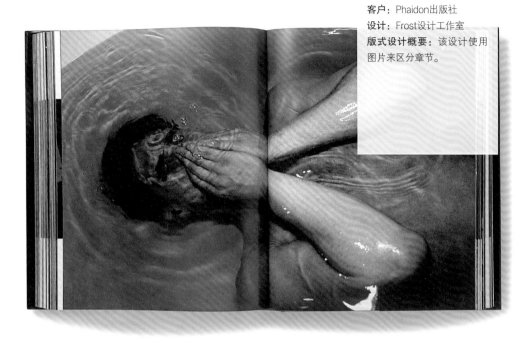

魔鬼的乐园

南·戈尔丁（Nan Goldin）摄影书的特色是主题化的个人章节和隐私性的图片。章节之间被尼可·卡文（Nick Cave）和凯瑟琳·拉朋特（Catherine Lampert）等作家写的诗歌分开。此外，Frost Design设计工作室采用简单的颜色设计章节页面，这些颜色与图片的丰富色彩有关，并突出了图片。

结构与无结构

版式设计牵涉页面上元素的编排，以便其可以有效地传递给读者。在设计中传达某种特征时，结构的缺失也能起到很好的效果——然而其本身也是一种结构。

无结构化设计可以是最具视觉创意的设计。根据其定义，更难控制达到期望的结果。

通过解构基本版式原则来创建无结构作品时，设计师必须考虑到预计的目标受众是否能够识别和接收到其包含的信息。

《温贝托马戏团》（ Cirkus Humberto ）

这本由布朗斯（Browns）工作室设计并以贝蒂娜·冯·卡梅克（Bettina von Kameke）的摄影作品为特色的书籍，记录了温贝托马戏团的表演者。马戏团为出版物提供的海报经折叠后应用于封面设计——一个充满活力，贴切和独特的设计。海报通过折叠穿过小丑脸部的中心，使前盖呈现眨眼，而后盖则带有笑眼。内页以一个简单的裱图框含盖了图像和无衬线字体纵向排列的注释说明。

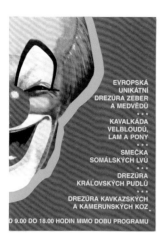

客户：贝蒂娜·冯·卡梅克（Bettina von Kameke）

设计：布朗斯（Browns）设计工作室

版式设计概要：该设计的特色在于海报封面安置的形式，摄影作品在裱图框内呈现的方式以及纵向的注释说明。

上图是本书的封面，占据原版海报1/4版面。左下图和右上图是内封。

页面区分 / 结构与无结构 / 纸张工艺

客户：全球基金组织（RED）
设计：罗恩·亚当斯
版式设计概要：该设计有条理地使用了结构，以增强信息的力量。

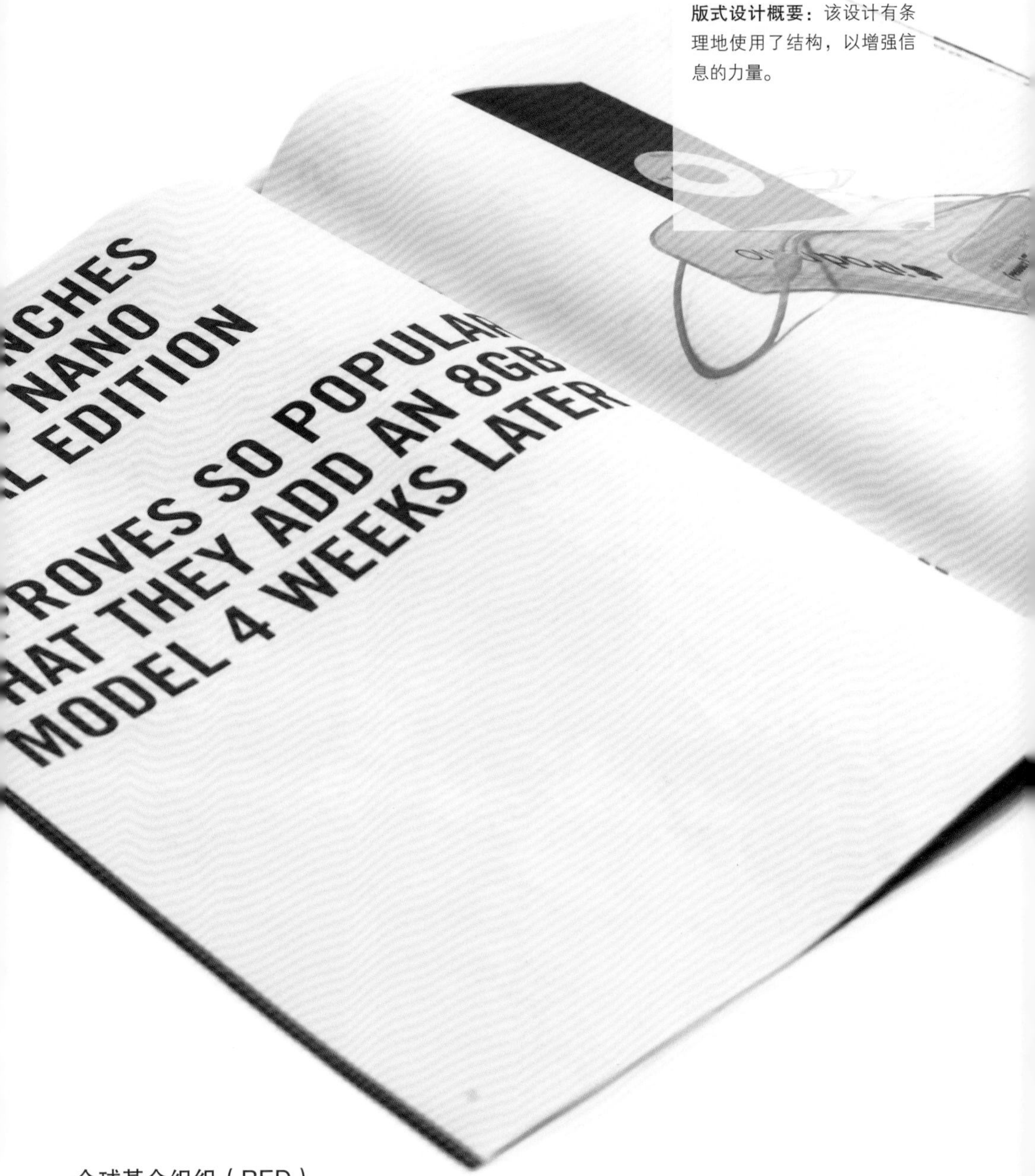

全球基金组织（RED）

这份大规格、类似于报纸的出版物旨在提升由波诺（Bono）和博比·施赖弗（Bobby Shriver）建立的全球基金组织的知名度。这个基金组织与全球的公司合作，制造以"Red"为标志的各种产品，以此筹集基金来组建慈善机构。这本册子以明晰的结构和字体层级为特色。

$25M

IN THE FIRST YEAR PARTNERS GENERATE $25M FOR THE GLOBAL FUND

500% MORE THAN WAS RECEIVED FROM THE PRIVATE SECTOR IN THE LAST 5 YEARS

ENOUGH MONEY TO GIVE 160,000 PEOPLE LIFE-SAVING DRUGS FOR 1 YEAR

CONVERSE MAKES UNIQUE SHOES FROM MUDCLOTH WOVEN IN MALI

'MAKE MINE RED' ACCOUNTS FOR OVER 50% OF ONLINE SALES ON CONVERSEONE.COM

CONVERSE AND GAP COLLABORATE TO MAKE (PRODUCT) RED SHOES AVAILABLE IN GAP STORES

纸张工艺

纸张工艺旨在解决设计师对格式的一些疑虑,以达到设计师的预期效果。此外,出版物的格式设计也有多种创新的可能性,如本章案例所示。

另外,从格式设计要素方面,如装订方式和纸张折叠的方式看,也会产生一些需要设计师解决的与版式设计有关的问题。

拼合的设计(右页)

此宣传册是Roundel设计工作室为M-real Zanders纸业公司设计的。宣传册中的图片全部为理查德·李罗德(Richard Learoyd)的照片,并采用了Zanders纸业公司的特种纸印刷,很好地用视觉语言解释了纸张选择的重要性。视觉的类比已经不能再引起读者的兴趣。例如,右页上图是一个完整的苹果,读者翻过插页后它变成了一个被咬过的苹果(右页下图)——这种设计想法已经比较普遍。但是在这里,设计师做了一个小小的改动——纸张的选择。右页标有INSIDE的纸张表面十分柔软光滑,能让人联想到新鲜的果肉;而标有OUTSIDE的纸张表面有些粗糙,摸上去像是在触摸苹果皮。这实现了读者与纸张之间的互动,既突出了纸张选择的重要性,又为公司出品的纸张做了宣传。

客户： M-real Zanders纸业公司

设计： Roundel设计工作室

版式设计概要： 该设计的图片采用不同的纸张印刷，重复编排，旨在产生一种视觉类比。

裱图框

裱图框以前指装裱图片时位于图片和玻璃之间的卡纸框，现在主要指一些设计元素或图片周围的空白边缘。

页面边缘限定了版式的空间以及设计元素之间的关系，目的是更好地编排所有的设计元素。本章介绍了一些裱图框的使用方法，以帮助设计师更好地设计版式结构。

Digit（右页）

这本册子使用了运动的标语"不仅仅是复制"（more than a duplicate），并用简单的裱图框版式框住了双胞胎的照片，这使照片和电子视频的内容成为了焦点元素。文字被印刷在冷灰色的页面上，为所展示的图片创造了一种安静的环境。为了校正图片的颜色，背景使用了具有怀旧情调的灰色。这个灰色是一个安静的背景，对主要图片没有负面影响，圆角的裱图框使这种安静的力量更加强烈。

客户：Digit
设计：Fivefootsix设计工作室
版式设计概要：该设计采用了裱图框展示图片。

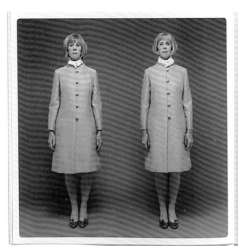

What else can we do?

We're here to take care of your content to get the most of its potential. Here are just a few of the ways we can help you with:

— Ingest – High Definition and Standard
— Encoding
— Digital Storage
— Library Management
— Order Management
— Content Versioning
— Transcoding
— Standards Conversion
— Digital Rights Management
— Encryption and watermarking
— Global file transport
— Technical Quality Control

more than a duplicate…

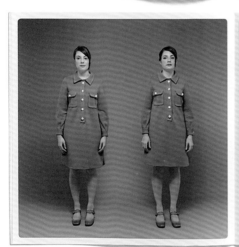

What we do

It's simple really – we take video content and make it ready for digital broadcast. The tricky part is getting every file perfect for the platform, whether it's web TV, IPTV, video on demand or mobile. At Digit, every file we create is so much more than a duplicate – it's the original footage expertly tweaked to the right file format.

more than a duplicate…

Who we do it for

— Content Owners
If you own or produce any kind of broadcast media, we can digitise it and store the master file for you in our 360° vault, ready to be sent to your distributor in the file format they need. From television archives to blockbuster movies, music videos to concert footage, we can help your content look and sound its best for a whole new audience.

— Content Distributors
If you broadcast or distribute digitally, we can provide you with all kinds of content, perfectly tailored to your technical spec. Our expertise in encoding and transcoding means you can stay up-to-date with technology without having to up your investment in-house.

more than a duplicate…

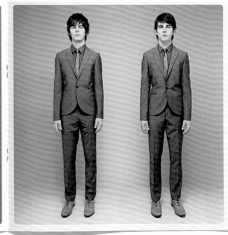

客户：米切尔·比兹利（Mitchell Beazley）出版商
设计：Mind Design工作室
版式设计概要：该设计运用照片的排列来创建整本书的节奏感。

《近代日本》（Modern Japan）

《近代日本》一书由Mind Design工作室设计，对近代日本建筑和对传统设计元素的再设计进行了探索。书中摄影作品出自摄影师迈克尔·弗里曼（Michael Freeman）。照片的版式设计主要突出特定的建筑特征，并通过使用全出血图像、裱图框和各种不同尺寸的裁切为出版物注入节奏感。

Outside Inside
An interlocking complex of houses and trees

客户：当代艺术协会
设计：Research Studios设计工作室
版式设计概要：文字册采用骑马订装订，海报被当成了文字册的页边。

客户：马克·金伯（Mark Kimber）
设计：Voice设计工作室
版式设计概要：该设计用裱图框框住了图片。

Edgeland（右列图）

这本册子中的照片是澳大利亚当代摄影师马克·金伯（Mark Kimber）为一个展览拍摄的，它用裱图框框住了迷人的图片。

Becks Futures（左列图）

此宣传册的特色是采用骑马订的方式将小尺寸的文字册装订在了海报的折页之中。其中每张海报都是一张大尺寸的图片截屏，设计的文本块周围有奇特的超大边缘。

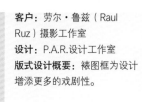

客户： 劳尔·鲁兹（Raul Ruz）摄影工作室
设计： P.A.R.设计工作室
版式设计概要： 裱图框为设计增添更多的戏剧性。

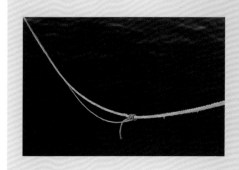

《苏丹》(Sultans)

《苏丹》由P.A.R.设计工作室为摄影工作室劳尔·鲁兹(Raul Ruz)设计的关于冲浪的书，因使用各种形式的裱图框给图像镶边而独具特色。传统的裱图框是图像周围均匀的空白边缘，而该设计在非均衡的边缘放置大量空白，似乎要把照片逼近角落，因此增加了一种戏剧感。

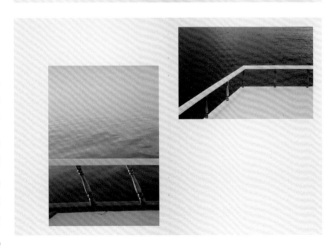

并置

并置是一种使图片之间形成对比的特殊图片编排方式。"Juxtaposition"（并置）这个词源于拉丁语的"Juxta"，意为"旁边、位置"。
在平面设计和版式设计中，设计师一般会采用并置的形式来展示两种或更多的设计创意，以区分它们之间的关系，如右页所示。

并置或许还暗示了相似或者完全不同——两个东西基本上相同或完全不同，这或许只有将作品作为一个整体时才可以看出来。很多设计师在设计方案中都采用并置的方法来暗示一种想法与感受——也许读者只有通过亲身体会才能感受到。

客户：Arctic纸业公司
设计：Happy Forsman & Bodenfors设计工作室
版式设计概要：该设计将相似的图片并置，从而提出了他们是什么关系这个问题。

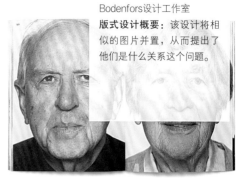
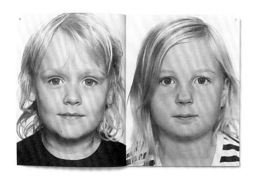

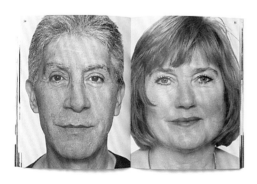
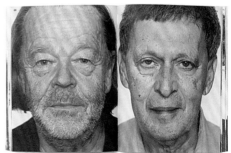

Arctic 纸业公司

这个为Arctic纸业公司设计的页面使用了人物面部的出血图像，并将两张照片并置。这本书采用了一系列不同材质的纸张印刷，印刷的人物面部反映了纸张之间的微妙差异。脸上的那些皱纹、斑点和瑕疵变得很有趣，人们看了之后会忍不住地想探索纸张之间的差异。

裱图框 / **并置** / 采访Mind Design工作室

客户： Ben®移动通信公司
设计： KesselsKramer设计工作室
版式设计概要： 该设计将人物和环境图片并置在了一起。

Ben® 移动通信公司（上图）

这本名为 *Bens* 的书是KesselsKramer设计工作室为荷兰Ben®移动通信公司设计的。所有有关"Bens"的图片特写都是在美国盐湖城拍摄的。人物图片与环境图片并置，营造出了一种超现实，十分富有趣味性的设计效果。

ETSA Utilities 公司（右页）

这本年度报告创造了一种强烈的并置感。报告中文字和图片分离，照片则被作为了粗体文字信息的背景。

客户：ETSA Utilities公司
设计：Voice设计工作室
版式设计概要：该设计将拼接的文字和图像并置在了一起。

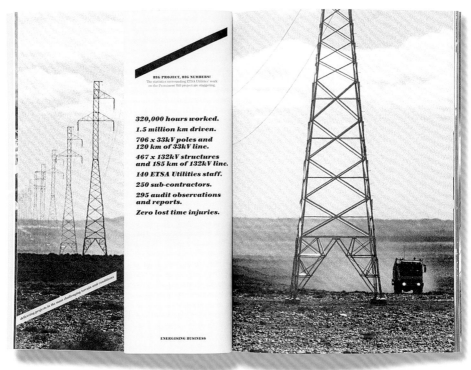

版式设计的应用

采访Mind Design工作室

是什么促使卫浴品牌德拉蒙德（Drummonds）决定其目录册中的排列是"从页面底部开始"的？这对整体版式有什么影响？

我喜欢简洁明了的设计理念。书籍或目录册的内容应该始终与格式、装订类型或纸张相关联。举个简单的例子：对于一本关于摩天大楼的书，我会使用非常高的版面形式。这本目录册内容主要是豪华舒适的浴卫缸。就像浴缸底部充满了水，所有的文字和图像都是从页面底部开始的，而页面的顶部通常是空的。目录册的封皮设计则参照了浴池充满水的样子，封面使用抽象的水纹；封底是出水口。

这本目录册的照片很微妙。你是如何排列他们使其在出版物中脱颖而出的？

这本目录册不同的章节名和一定的戏剧性令人一开始就印象深刻，到最后才会发觉这是一本实用的产品清单。命名为"沐浴"的第一章，奠定了整本书的基调，在放大的图像中展示了漂亮的浴缸。这些摄影作品是在摄影师费伊·图古德（Faye Toogood）打造的影棚内拍摄的。我们总是使用全出血来排版这些图像，因此他们就不会相互对抗。然后，当你浏览该册时会发现图像越来越小。在一定程度上，图像的使用也与它们的质量和分辨率有关。来自专业摄影师和造型师的产品照通常是高质量高分辨率，而产品制作过程中的图像则很可能是由工人用手机拍摄的。

你是如何决定在全版面摄影间使用裱图框或是面积较小的图像的？什么程度的图像尺寸你会用来掌控出版物的节奏或创造停顿？

第二章和第三章分别展示了房间里的浴缸和浴室的案例研究。这些图像仍然相对较大但并没有像第一章那样使用全出血。接下来的章节解释了工厂制作的过程，图像也进一步变小了并且处理为黑白的。通常情况下，当图像来源不同时，用黑白显示会使它们看起来更连贯。它们被印在纯蓝的不同纸质上，以模拟蓝色的水面。生产章节最后部分的图像是最小的。

目录册也有产品的技术章节，您如何协调目录中愿景与技术两方面的设计的呢？

技术章节通常是设计中最复杂的部分且需要来自客户的大量协助。设计遵循相同的网格并使用相同的字体，但是技术章节更具有组织性和条理性。图像在目录册的前半部分会使用不同的尺度，而在这里它们总是大小相同的。其附加的外框有助于对比并更好地让读者理解每一项的功能。

我个人认为，像技术信息这种读者需要理解的内容，应始终使用最实用的排版方式，而那些意在启发读者的内容，则可以按照个人的方式去演绎。

Chapter 6　媒体

最后一章将介绍一些平面设计师通常会使用的媒体。媒体包括设计输出的所有实际载体，包括在线的网站和期刊，以及印刷的书籍、杂志和海报。

作为设计师，我们学习规则，接受原理，开发设计模式。这些规则实际上只是向导——设计中没有绝对——总是会有进一步推动和探索的新领域。在真实世界的实践中，重要的是理解这些规则，而不是被它们所束缚。至关重要的是，我们能够想出数不尽的创意，因而建立起自己的方法"银行"，当需要时就能立即使用。本章节展示的案例以及本书都可以用来证明，通过创意的版式设计可以实现创造性地输出。

"网格系统是一种辅助，而非一种保证，它允许多种使用可能且每个设计师都可以寻找适合自己风格的解决方案。但必须学会如何使用网格，这是一门需要实践的艺术。"

（瑞士）平面设计师——
约瑟夫·米勒-布罗克曼（Josef Müller-brockmann）

M-real Zanders 纸业公司

右页图为M-真·桑德斯有限公司的宣传册，图像内容由摄影师特雷弗·雷·哈特（Trevor Ray Hart）为其拍摄，宣传册用代表土、水、火和空气四种自然元素的图像搭配纤维纸、布纹纸、捶纹纸和横纹纸四种纸质。将看似不相关的两张图并置碰撞出一种超现实和迷人的感觉。

客户：M-real Zanders纸业公司
设计：Roundel设计工作室
版式设计概要：该设计展示了不同图像与不同纸质搭配的视觉效果。

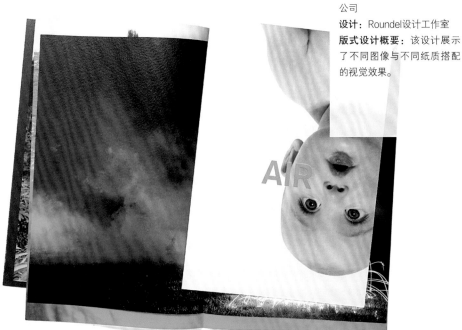

平台扩展

仅十五至二十年前，设计师通常只需要为印刷品做设计。但现如今，数字技术的革新创建了设计师和其客户需要考虑的其他平台：网站、平板电脑和智能手机。

现在，设计必须作用于一系列不同的平台上，且需要从技术层面考虑如何将视觉性能贯穿所有这些平台的不同的尺寸上。对于设计师们来说幸运的是，新媒体受传统版式设计的影响和引导，其播种于印刷设计，且在长时间的发展后成为能够成功面对如何以一种便于读者阅读的方式来传达信息的挑战。忽略我们所用来查看信息的设备，基本版式原则都是相同的。

Aldrin，Esmeric 和 Silas 字体

选图来自Believe In设计工作室为Fontsmith字体公司的Aldrin，Emeric和Silas字体发布创建的字体样本。样本册被寄向全球范围的设计行业公司，向他们展示了这些字体在印刷和数字环境下的使用，其内容囊括了从科技报告到印刷、数字、识别、标志和包装上应用的小册子，且使用了不同导向的文本和不同颜色的纸张及油墨。样本册的设计非常清楚地展现了字体的特征和优势，从而使设计师从视觉上直观地了解到如何能将其运用在自己的设计中。

FS Aldrin作为FS Emeric字体的延展，是能够被灵活运用的圆形字体。无论用于粗体标题中，还是在技术环境下作为正文文本都具备通用性，能够轻松应对多种不同的传达任务。设计总监菲尔·加纳姆（Phil Garnham）说到"每一个弧线和转角都经匠心打造，这就是为什么FS Aldrin具有独特的力量。与大多数新的圆形字体不同，这里没有系统存在。"

客户：Fontsmith字体开发公司
设计：Believe In设计工作室
版式设计概要：该册展示了针对多种平台而设计的灵活字体。

FS Silas既设计了无衬线字体，也设计了衬线体类型，因此它被称为神秘字体。作为设计主题之一的中央行动发布是受间谍活动的启发，设计参照档案和秘密文件的形式使用了不同的纸张和页面尺寸的印刷样本为特点，就像20世纪50年代和60年代的经典样本一样。

平台扩展 / 杂志和宣传册

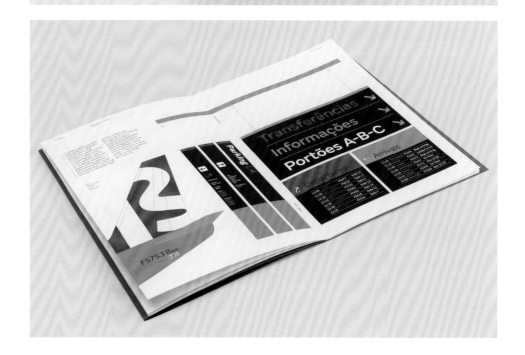

杂志和宣传册

可以说，最有实验性和冒险性的版式设计实例存在于杂志和宣传册中。

这些媒体为设计师提供了体验形状、尺寸和形式，以及使用不同材质和印刷技术的机会。然而主流出版物还是需要一定程度的一致，比如杂志，特别是标准的消费者杂志，都是以标准的货架尺寸展示出来的。下图展示的3种尺寸为标准尺寸，虽然它们经常被变得稍微窄一些或者短一些。

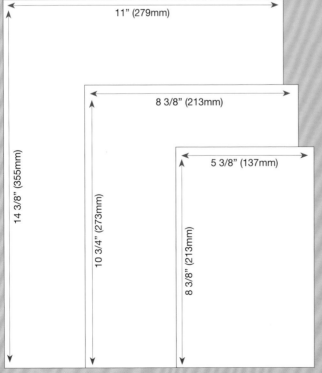

杂志和册子通常使用这3种尺寸。许多出版物会剪切掉一部分高度或者宽度来做一些变化，这些是裁切和整理过后的最小尺寸。从左起为超大尺寸、标准尺寸、摘要或者袖珍尺寸。

客户：BASA
设计：拉维尼亚和西恩富戈斯（Lavernia & Cienfuegos）
版式设计概要：该设计使用了多种版式设计和多种平面设计方法。

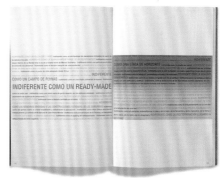

BASA

为加那利群岛建筑学院（Canary Islands Official College of Architects）设计的册子证明了杂志的形式可以那么有活力。册子版式和节奏的多变创造了一种视觉上有趣的页面组合。这些页面在一个单一的页面上存在着一致性，在翻页过程中又产生了不同和刺激感。该册子使用了出血的满版页面以及相互对比的留白空间，并将元素和周界之间的关系变成了一种重复的主题。

平台扩展 / 杂志和宣传册 / 网站

客户： 马丁·阿劳德（Martin Alund）
设计： Bedow Creative设计工作室
版式设计概要： 该设计中的图片和文字占据了相同的网格。

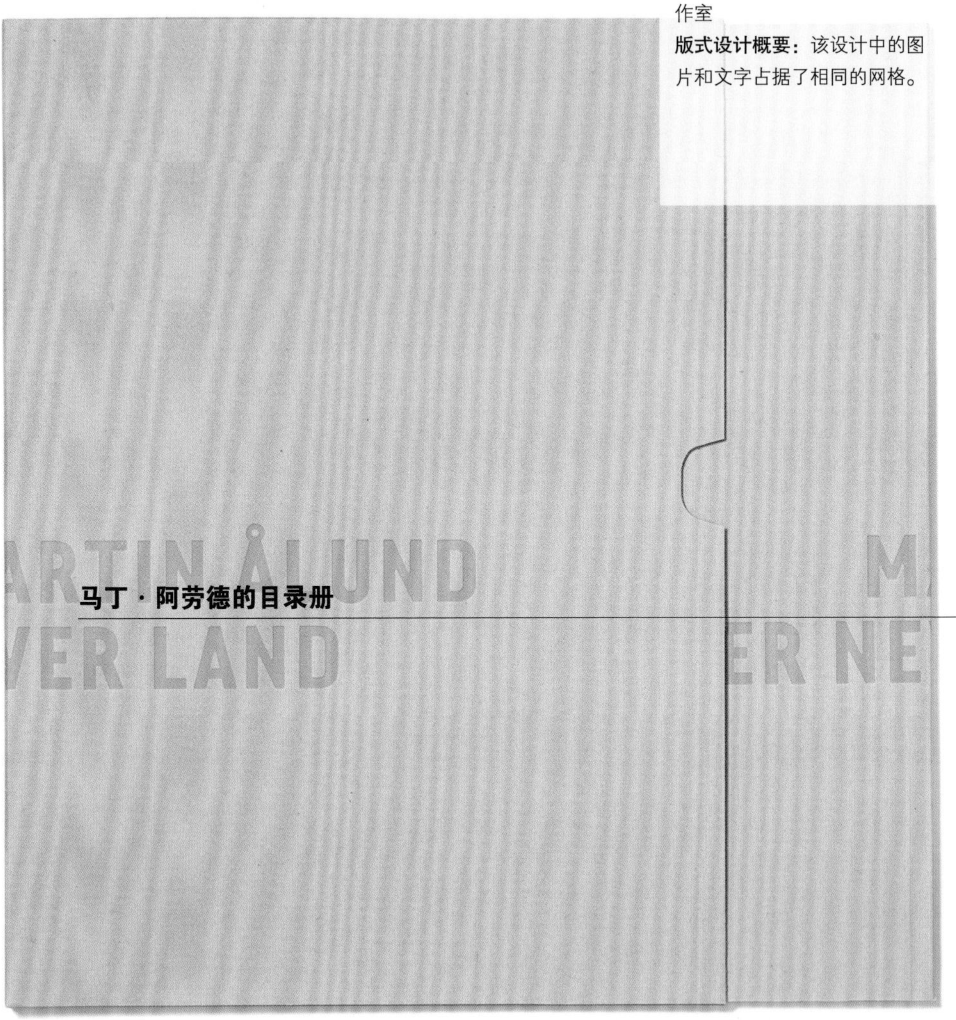

马丁·阿劳德的目录册

瑞典的设计工作室Bedow Creative为艺术家马丁·阿劳德设计了这个展览的目录册。这个限量版的印刷物被放在了书套里（上图），图片和文字在一个单独的网格中对齐，同插入的彩色图形共同指示新一部分的开始。简洁的设计呈现出了一种优雅和稳重的感觉。

i en vidare mening för att förstå vad som slår på spel för hur skulle måleriet kunna vara friskt i en situation där det antingen tvingas ge upp inför varufetischismen och masskonsumtionens krav på lättillgänglighet, eller också låser in sig i en elitism som lyckas hålla sig ren endast genom att vända sig bort från publik?

Ålund målar stämningar, både stämningar som vi känner igen (av kris, sorg, förlust, men också den förändring som detta möjliggör) och ännu obekanta stämningar som länkar vidare. Genom detta framträdande av det nya, genom dessa avslöjningar av den mening som är på väg, bjuds vi på möjligheter att lära oss mer om oss själva och världen: konsten föregriper här det som filosofin och psykologin sedan kan fortsätta att artikulera. Men det är också något mer än ett mentalt tillstånd som gestaltas, något upplevt. Det är vår egentliga urscen (i en djupare mening) där världens hela tiden framkallas. I det avseende föregår denna »plats» den bärande oppositionen mellan kultur och natur, etc. Den är i Ålunds gestaltning genomkorsad av både kulturhistoria och populärkultur, är strängt medialiserad realitet, men också lår spår av ett djupt själsligt sökande. Det är ett slickt, urbant, postmetafysiskt måleri samtidigt som det ger vittnesbörd om ett intimt och personligt tilltal.

I samtal med Ålund återkommer han till den ambivalenta, till tvetydigheten när han beskriver sitt arbete: det handlar om att gestalta både det vackra och det fula, det ironiska avnjäta och det uppriktiga etc. Det ambivalenta förhållningssättet är ju också alltoedan de Beauvoir och Merleau-Ponty inte bara förbundet med en existentialistisk sikt (hur ska jag kunna realisera min egen frihet? samtidigt som jag ansvarar för den andras frihet?) och kroppens fenomenologi (jag är både subjekt och objekt, både *corps* och *chair*), utan har blivit ett slags varumärke för hela vår senkapitalistiska kultur. Men också Pan, förbjuden för satan, är ett kluvet väsen – till hälften get, till hälften människa – vilket Platon omedelbart uppmärksammar i sin simulerade etymologiska genealogi (*Kratylos*, 408b). För Platon skrivs denna klyvnad direkt in i idéfarans ontologi: Pans fader är Hermes, språkets och tolkningens gud, och eftersom logos är dubbelt, både »sant» och »falskt» (*alethēs te kai pseudēs*) och just därför kan beteckna precis allt, pan, så har även sonen två delar (*alēthe*). Den övre, sanna delen är jämn och gudomlig och vistas uppe hos gudarna, medan den nedre, falska delen är grov, getlik och vistas tragiskt och vidare bos människorna. Ålunds måleri arbetar hela tiden med detta dubbla register, där den ena handen målar högt upp i sanningsdimensionen medan den andra målar den mänskliga existensens tragedi.

Vår högteknologiska tidsålder beskrivs ofta i termer av ett »överinnande» av platonismen, men det kanske snarare handlar om en slags realiserad platonism, där det översinnliga, transcendenta har inkorporerats i det sinnligt-immanenta. Hos Ålund bör det avbildade heller inte längre fattas som något externt i förhållande till det måleriska språket och våra andra kommunikationssystem. Den stomspråkliga referenspunkten sammanfaller med sitt materiella uttryck, liksom det högre skenet igenom och får lyskraft ur det lägre, eftersom det skarpa och rena bara skulle bländas och vistas det skitiga.

I Ålunds målningar finns reminiscenser av en natur, som ett eko av ett klassiskt naturmåleri med ett träd, ett hus, eller en människa kvarstår som symboler för de själva, men där dessa objekt också och minst lika mycket tycks beteckna något annat: en längtan efter tecknets fullhet som något försvunnet. Men denna längtan måste inte därför fattas som ett sökande efter något som en gång existerat, utan kanske istället förstås bättre som något som blivit till genom denna process (det saknade objektet är det som kommer att ha varit det förlorade, det vi sörjer). Dessutom, och bortom detta nostalgiska register, är de figurativa resterna också en antydan om det kommande, ett uppekande av det okända, det som är på väg mot (en alltid uppskjuten) bestämning, en mening på väg, men som aldrig fullt ut kan realiseras. För vad är ett träd, ett hus, en människa? Det vet vi lika litet (och inte mycket!) idag som i tidernas begynnelse, och genom Ålunds målningar påminns vi om denna konstitutiva obestämdhet. Det är i Lacans beskrivningar av det reella (*le reel*) vi finner de kanske mest intressanta samtida försöken att på ett teoretiskt plan artikulera den generella strukturen hos denna längtan. Ålunds målningar ger specifika ingångar till denna problematik som är mer detaljerade och ingående än vad ett teoretiskt verk någonsin kan vara, samtidigt som tolkningsproblematiken på ett korrelativt sätt givetvis blir mer akut. Hur ska då förhållandet mellan filosofins generaliseringar och det enskilda konstverket förstås? Det handlar inte om att applicera filosofiska resonemang på konsten, utan om att båda disciplinerna utforskar och gemensamt fält. Den enskilda målningen blir därmed den vridpunkt där filosofins abstraktionsnivå singulariseras och försinnligas. ●

"The King of Rock" had his Graceland, "The King of Pop" his (now abandoned) Neverland, but the American popular culture of course has deeper roots than that which meets the eye. It was Disney's screen adaptation of Peter Pan in 1953 that made Neverland known to a wider public, but the more interesting, darker aspects related to sexuality and death that are present in Barrie's novels and plays from the beginning of the century are all but obliterated. But given that the origin of Pan in Arcadian mythology—which was always somewhat despised by classical Greek culture—this theme will return, albeit in a changed form.

The new paintings by Ålund are a shock to the senses: baroque, adorned post-romanticism, packed with glitzy colours, they seem to point out a strange place that one both recognizes and yet is sure never to have seen before. If for a moment one was to regard them as nature paintings—which would be misleading—one could say that Ålund has laid bare the dystopian dimension of nature in the same way that Caspar David Friedrich discovered the tragedy of landscape. But if it is a kind of "dystopian nature", a jungle which seems to grow into and over itself, it is one where the pastoral, Arcadian landscape already from the outset is inseparably intertwined with the metropolitan in a poisoned beauty. Never Never Land thus becomes the name of a locus that is neither nature nor culture, neither landscape nor city but another site, earlier than these.

Taking the risk of subjectivizing painting by once

TURNAROUNDPHRASE
Nicholas Smith, philosopher

more appealing to consciousness as the ultimate horizon for an understanding of art, I would like to suggest that this classical trope from Hegelian metaphysics could be given a further twist. Instead of leading to a closing, the new philosophy provides possibilities of conceptualizing art as the very dimension of freedom, as the openness of being, in a radically new way. For the concept of consciousness that for instance Husserl presents in his latest texts in fact opens its presupposed unshakeable foundation (Descartes' *fundamentum inconcussum*) to a ceaseless process of selftemporalization as the source of the subject's self-constitution. This process, contrary to the views of much recent debate in the wake of Derrida, also consists in a twofold mode of making absent: both my own constant flight out of presence (by means of living in the past, the future and imaginary worlds) and my own likewise constant self-alienation in relation to the others, when I live myself into the their lives. This is really the same process that Freud calls the "cooperation and opposition" between Eros and Thanatos, when Eros is constantly striving to gather that which Thanatos tears apart. *Love Will Tear Us Apart*, as Joy Division sang. Foundation and abyss, *Grund* and *Abgrund*, meet in a modern version of the Heraclitean trope "the one differing from itself".

The sheer material quality of the colour, the excess of coloration, of colour juxtapositions that do not immediately harmonize, seem to be a configuration of experiences belonging to an unwell subject, in the vicinity of that "nausea" that both philosophers and writers have analyzed. Thanks to Freud we now know that the "discomfort in our culture" and the neuroticial experience is a generalized condition that is not reserved to "the others", and as Deleuze and Guattari have shown, not something that primarily stems from a specific social constellation (such as the bourgeois family), but is the result of an originary and constitutive splitting. To be a subject today is to be "mentally ill" in a certain sense: we are the polymorph perverse creatures that have grown up, and Ricœur for instance speaks of *le cogito blessé*, the wounded cogito, as the philosophical consequence of the discovery of the unconscious in his great book on Freud. But perhaps it is just as much towards the concept of art itself that one has to turn in order to understand what is at stake. For how could painting be healthy in a situation where it either has to give in to the commodity fetishism and the demands of simplicity from mass consumerism, or else enclose itself in an elitism which

平台扩展 / 杂志和宣传册 / 网站

客户：《对开本》(Folio) 杂志
设计：Design by Face工作室
版式设计概要：设计在基于网格的版式下搭配了具有创造性的图像润饰。

《对开本》(Folio) 杂志

图片展示的是墨西哥出版的设计季刊和双月刊杂志《对开本》，简洁低调的设计特色让内容熠熠生辉。该出版物使用了多种标准规则，例如在高效的网格基础下，搭配一些以带有学者注释的正文栏为特点的页面。然而，该设计的版式仍包括照片及标题的重叠，副标题和注释。它们通常从页面边缘延伸至与图像重合，增加了独特的扭曲感。

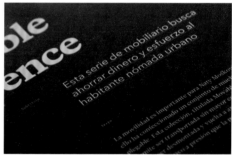

网站

万维网等网络媒体的到来引发了从页面到屏幕的转变。版式设计的许多技巧和原则被直接用到了这个新媒体上,尽管它们在结构和习俗的命名上有细微的不同。

在网络环境中,版式设计的基本功能是一样的。在实施和完成设计的同时,应该征求一定的回应,来通知、愉悦并且指引读者。通常使用栏来放置正文的文字,而这些文字经常被分割的空间或者符号分开。

书和网页之间有着明显的不同,书通常有左页和右页两个部分,中间有订口。网页是一个单一的整体,一个固定的页面。因此网页的版式更像是一个全景或远景,而不是双页面的形式。然而这其中也有自相矛盾的事情,网页会经常映射书或者与书的"风格"相似(如右页所示,网页中有相当一部分结构与印刷的页面很像)。

网页中另外一个需要考虑的问题是页面的创建是否完全脱离了动画(Flash),或者使用了超文本链接(HTML)。它们各有优点和缺点。使用动画,设计师可以很大程度地在审美上控制网页。他可以不受比例的限制,使用特殊的字体,包含复杂的动画。相反,一个超文本链接网页则需要按照一定的比例,而且需要根据终端用户来展示不同的字体。超文本链接网页也更容易被查阅到,这一点使其变得更加民主并且更容易被人接受。

客户：Efectius网站
设计：Dorian设计工作室
版式设计概要：灵活的设计能给人一种十分整齐和有秩序的印象。

在这个网站中，背景图片的尺寸是固定的，但放大或者缩小浏览的窗口时，你或多或少能看到这张背景图片。灰度图像提供了一个背景或者画布，可以把文字元素放在上面。

Efectius 网站

Efectius是一个解决支付问题的网站。它通过出血的图片和明确的信息块，给人一种十分整齐和有秩序的印象。可根据文本的内容扩大或者缩小文字框。

移动图像

移动图像包括的媒体很广泛，如电视、电影、剧院和在线体验。

就移动图像的应用而言，设计师有很多设计版式。然而，还是有一些"标准"可以作为指导。一般来说，使用的格式是由电影或者动画最终的布局决定的。例如，大部分电影院的电影镜头是2.39:1或者1.85:1。它们被重新编辑后会在电视上使用，大部分电视机采用的制造标准是常见的16:9格式，而许多旧式电视机和电脑是4:3格式。

在宽格式中拍摄或者制作的内容可以在一个窄纵横比的外观中运行，这可以通过剪切、放大（虽然这样会造成电影的一部分被切掉）或者"宽荧幕式"来实现。宽荧幕式增加了电影中顶部和底部的黑屏范围，保留了原始荧幕式的比例。

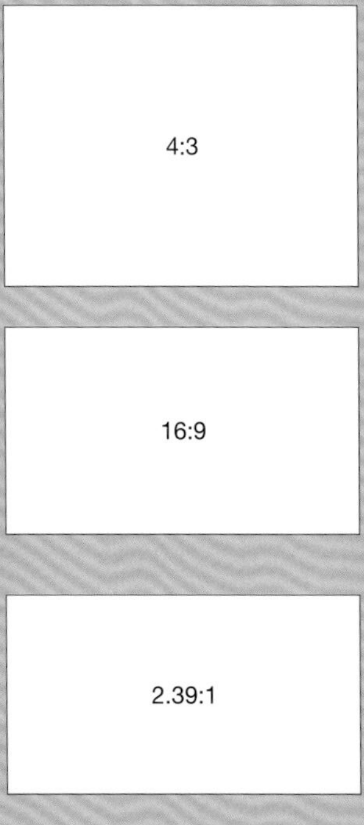

左图为电影和电视中常用到的比例。4:3是电视常用的比例，16:9是宽屏格式，2.39:1是电影或者剧院的格式。使用文本时，每一种外观比例都需要避开黑屏部分。一般来说，10%以内的区域被认为是安全地带，如下图所示。

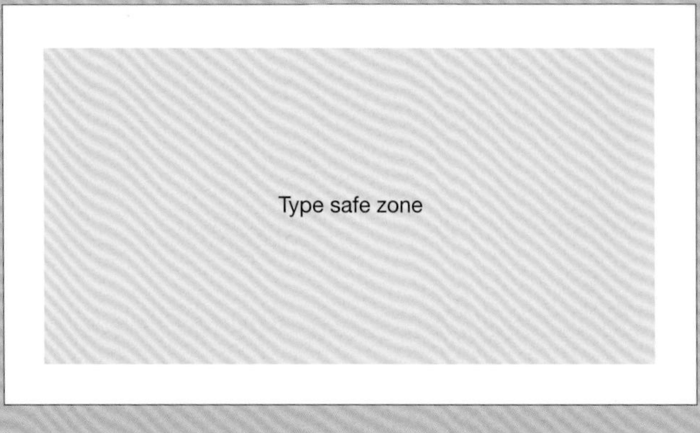

4:3

16:9

2.39:1

Type safe zone

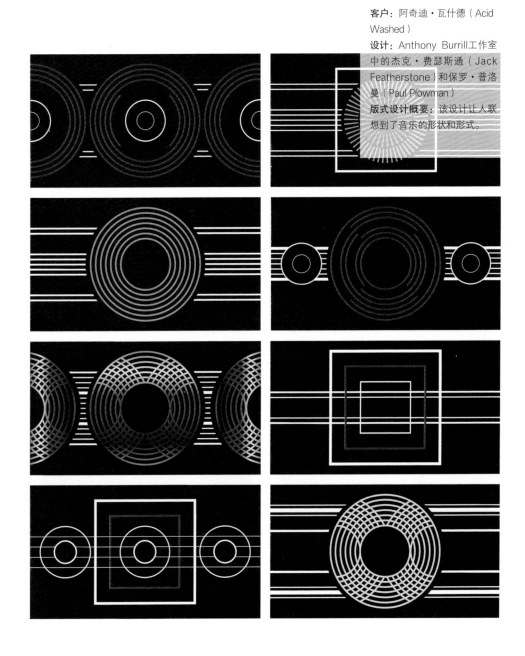

客户：阿奇迪·瓦什德（Acid Washed）
设计：Anthony Burrill工作室中的杰克·费瑟斯通（Jack Featherstone）和保罗·普洛曼（Paul Plowman）
版式设计概要：该设计让人联想到了音乐的形状和形式。

Snake 组合

录音制作人阿奇迪·瓦什德为Snake组合制作的音乐录像带以一系列简单的几何图案为特色，反映了音乐的节奏。音乐达到顶点时，这些有趣的形状会结合在一起，穿越水平面，从而变得更加复杂，更有层次。

包装

包装设计为设计师提供了三维设计的平台。它要求一种全新的版式设计方法。

包装设计与书籍或者屏幕的版式设计方法不同。包装既需要用直接的设计方法去抓住顾客在货架上的注意力，又要足够精细，以使顾客产生想要拥有的欲望。包装设计通常需要满足两种需求，一是鼓励消费，二是体现自我价值。

在设计页面或者屏幕的版式时我们通常会考虑设计与页边距的关系。我们也经常会创建页面边缘和参考线来使页面边缘形成一定的关系。在包装设计中，页面边缘部分的区分通常不是很明确，因为包装有正面、背面、侧面、顶部和底面，如右页所示。包装也很少被看作平面艺术品。人们应该把它拿在手上、旋转、使用，并且按它自己的方式储存它。放置好这些平面元素可以让包装变得更加令人喜爱而且更加实用。

规格
我们习惯对印刷页面上的字体大小进行设计。然而在设计包装时，设计者在看待文字上会有所不同，他们需要考虑到包装在货架上呈现的货架感和其摆在家里时的亲近感。

通用技巧
传统的平面设计与包装设计有许多通用的技巧。我们用以呈现信息的颜色、层次、节奏、辨识度，甚至是解构的方法都可以在包装设计中用到。

客户：Sound ID公司
设计：安德鲁·波来克
版式设计概要：安静的、有秩序的版式设计反映了产品的特征。

Sound ID 300 无线蓝牙耳机

美国设计师安德鲁·波来克（Andrew Pollak）设计的这款蓝牙耳机包装旨在反映产品的质量。这款蓝牙耳机的主要特色是能够减少背景环境的杂音，包装给人一种干净、安静的感觉，恰好反映了产品的这个特征。白色空间中使用灰色调和蓝色调的文字，创造了一种整齐和有秩序的版式结构。包装的背面同样考虑到了这一点，安静地反映了产品的特征。

客户：The Zeeman Group公司
设计：Studio Kluif设计工作室
版式设计概述：该设计将背景图片作为一定范围内多样产品的标志。

Zeeman 方便盒

这个"系列"包装使用了一致的版式及颜色。一个基础图案（上图）作为背景被应用在了整个产品的包装上。简单的品牌、插图和简洁的文字层级，创造出了一种有影响力、便于识别的品牌形象。

客户：Illamasqua化妆品品牌
设计：Propaganda设计工作室
版式设计概要：该包装的正面使用了中心对称版式，两边使用了侧式的导向。

《黑暗中的艺术》(*Art of Darkness*)（上图）

这是一系列化妆品的包装，该包装使用了最具有奢侈感的颜色以及珠宝般的金属元素。这个季节的主题——黑暗中的艺术，以神奇的动物和中世纪为中心。就包装而言，关键是要记得它与其他媒体的不同。包装是三维的，它有侧面和底面，你不仅要从正面看它，还需要将它拿在手上，旋转它并且从多个角度观察它。下图所展示的是最终的正面包装，是零售时的展示面。上图是包装的正面以及带有装饰性的侧面，侧面上印有文字。

采访设计师普劳（Plau）

咖啡品牌莫卡托（Moccato）标识设计是为了能在跨媒体中灵活运用；从印刷材料到网站再到产品包装。当设计一个必须跨越这么多不同媒体或平台的东西时，哪些设计要素需要考虑到？设计主要考虑的版式要素是什么？

首先且最重要的是模块化。除了作为一个真正的多媒体项目之外，我们总会考虑以一种最简单的方式使莫卡托设计团队能够在最少困难下使用我们提出的标识方案。因此，在基本网格下能灵活运用且识别性良好的视觉结构是主要考虑的版式要素。模块化能使元素更易于实现，不仅在设计过程中如此，在以后的开发过程中也是如此。

跨平台设计的挑战是什么，尤其是在跨越不同媒体时仍需保持设计完整性这一方面时？

让设计具有一致性是一个挑战，因为它需要在不同语境下的平台上有不同的格式和不同的处理方式。在打印中可读取的字体尺寸——比如12pt，在类似应用程序和网站的平台上往往根本无法读取。此外，网页设计的响应性是一种对字体关系探索的全新领域。因为纸是静态的；而屏幕是滚动的。正因这一基本概念的转变使得数字应用程序的设计变得完全不同。还有编码的问题，在设计行业中能够拥有一个前端开发人员来进行设计和排版是非常罕见的，尤其是对于预算紧张的小型工作室。通常情况下，当从本地文档（comp）转换到在线格式（html/css）时，版式设计会"在转化中丢失"。找到合适的编程伙伴对于实现这种一致性非常重要。不然就需要自己去学习使用了。

尽管系统复杂,而莫卡托的设计相对简洁。这是为了使它能够在不同平台上运行吗?

我们首先考虑的是让品牌脱颖而出,所以简化并不一定与跨平台有关。这与我们预想当前巴西市场上咖啡标识有多混杂和多少信息充斥有关。当时作为一项订购服务,该品牌不必在超市货架上博取关注,因此创作出比普通零售产品更安静的设计成为我们的意图之一。莫卡托想让自己看起来像新一代的咖啡制造商,并使用一种人们在市面上不曾见到的简化语言。

这是否凸显了另一个趋势:平面设计师应该善于为多平台设计作品?这只是现在的常态,还是一直如此?这需要设计师在设计层面上掌握不同技能,还是更多属于项目管理的问题?

我认为平台多元化的问题不会持续太久。作为一家与初创企业合作的品牌识别工作室,我们发现将品牌个性以多形式输出对我们的客户来说是必要的。这可能需要拥有一支能够完美合作的团队来完成。有些人更倾向于静态设计,而另一些人则更倾向于动态设计,很难有兼顾两面的设计师。但通常这些人都是典型的非常注重构图和审美细节的设计师。

我无法想象数字版面粘贴复制到印刷出版物上是什么感觉。我认为这种变化重新定义了设计规则且不仅仅是为了多平台设计。我们在数字时代的环境下长大,所以我们是看着数字媒体从一点点发展到完全没有边界。印刷现在变成了一种值得珍惜的特殊存在,而数字技术则是稍纵即逝、瞬息万变的。最终都是客户决定其基调,我们的大多数产品都涉及多学科的设计。

在过去,不同的部门会处理项目中的不同方面:例如印刷的部门,搭建网站的部门,制作包装的部门等。如今是否不再需要这些了?像普劳(Plau)这样的部门机构现在能做这一切内容吗?

我并不这么认为。专业仍然发挥着巨大的作用,尤其是当我们谈到更大的品牌时。即使是大型的UX/UI公司也会在做包装上遇到难题,反之亦然。但在小型品牌工作室中,绝对有必要做到全能。就像我所说的,我已经看到一些新兴工作室在多平台上比有经验的前辈操作更省力。这可能是新一代人的东西。我曾从一位设计大师那里读到他甚至没有把网页设计当作平面设计的一部分——那是在2000年代初。一些较老的工作室仍然这样认为,因为整个实施从线下逐渐转向线上,他们可能会失去大量机会并很难与时俱进。

版式设计是否是实现跨媒体设计的关键?该项目荣获了纽约字体指导俱乐部(TDC——Type Directors Club)的奖项。你对此有何感受?

版式设计的确是其关键。我们的排版是经过多次对比的,并结合编程技术(Knockout)准确使用精简的Freight字体,我认为该字体是多平台环境下产生的代表作之一,且为品牌的独特风格和个性定制了印刷字体。我们意识到这可能就是我们获胜的最大优势。且幸运的是,TDC在设计中看到了这一点,而其余设计的都已成为历史。

术语表

版式设计包含了许多令使人产生混淆的技术性专业术语。在术语表这一章，作者总结了一些常用的版式设计方面的专业术语以便读者更好地理解并掌握版式设计，尽管这些远不能详尽说明。

了解版式设计专业术语，有助于读者更好地了解其他设计师的设计创意、客户的要求、印刷工艺以及其他专业方面的设计信息。对专业术语的了解和应用还可以最大程度地减小因误解而使工作变得更复杂甚至可能毁掉整个项目的风险。

手风琴式折叠或六角形折叠
将两个或多个折页按照相反方向平行折叠，打开后形如一个手风琴。

对齐方式
指字体在垂直层面或水平层面的段落文本中的位置。

风格挪用
指将别人的设计风格挪为己用并作为设计的基础。

组合
是一种艺术性的合成方式，指围绕一个明确的主题，将各种各样的物体和材料进行组合，或是将几个不同的主题组合起来。

非对称式网格
左页和右页的网格相同，页面的一边（通常是左边）有一个相对于其他栏宽较窄的栏。

基线
一条基于所有大写字母和大部分小写字母之下的虚构线。

基线网格
是构建设计的平面基础。

装订
指把书页或几个印张合在一起的工艺。一般指书籍、杂志、宣传册的装订。通常的装订工具有胶水、钢丝、线等。

出血
印刷内容超出了页面的裁切线。

正文
组成文章的主要部分。

旁注
描述性或解释性的文字。

排版色差
指用不同的颜色标示出出版物采用专色印刷或是不同纸张印刷的页码。

栏
用来编排文字的地方。

交叉对齐
指不同层级的文字在同一网格中对齐，并且相互联系的一种对齐方式。

展示字体
大号或是特殊的字体，用以吸引读者的眼光，而且通常的设计适合于远看。

版式设计草案
最终版式设计的初稿——包括图片和文字的位置编排。

拼接
一种超现实主义设计技巧，追求的是编排图片或文字时产生的令人愉悦的偶然性效果。

页数
一本书的页数。

填充颜色
指将一个设计要素染色。

对开纸
指整开纸的一半。对开纸的一半就是一页。一张对开纸可以分成四页。

规格
书或书页的尺寸和形状。

折叠插页
指在页面左页边缘和右页边缘的交汇处，采用平行式折叠向内折拢，并在页面中心拼合。

黄金分割
用8:13的比例分开一段线段，会产生一种近乎完美的比例。

假字
是一些无意义的拉丁字母，在于给人一种填充完文字后的版式设计视觉效果。它们也被称为虚构文字。

网格
有助于保持版式设计统一性的向导或模版。

栏间距
指页面边缘,并与书脊和页边平行的空间。此外,它还指两页之间以及两个文字栏之间的部分。

上行线／下行线
指一系列有助于图片与文字段落编排的水平位置线。

上页边距
指页面顶部的空间。

字体层级
字体层级是针对正文标题的一种有逻辑、有组织的视觉导引体系。它通过字体磅值的大小和风格来区分不同字体信息的重要性。

水平对齐
文字在页面中按水平方向对齐。

连字符
插在单词中,目的是使文字栏看起来更整洁。

排版
指为印刷做准备的页面秩序和位置编排。避免在印刷后的裁切、折叠和切边使编排的内容被裁掉。

排版方案
指展示一本出版物基本编排格式的方案。

国际纸张尺寸（国际标准化组织）
一系列标准的公制纸张尺寸。

两端对齐
文字行被拉伸,左边和右边都与页边距齐。

并置
一种使图片之间形成对比的特殊图片编排方式。

版式设计
指根据一个方案对文字和图片进行编排,使出版物具有理想的外观。

字母间距
一个单词中字母间的距离。

锁定网格
把文字固定在基线网格之中,这样,网格就能固定行与行之间的距离。

页边距
指一个页面上围绕文字段落的空间。

页边注脚
在页边距上的文字。

文字栏宽
一页或一个文字栏的宽度。

对称式单元格
指由一列模块,通常是正方形模块组成的网格。

导向
指设计作品中文字和图片的编排方向。

编页码
出版物页面的排版和编号方式。

裱图框
指一些设计元素或图片周围的空白边缘。

印刷后处理
完成印刷工作的最后工序,包括折页、装订和裁切。

右页
书中右手边的页面。

页首标题
标题的一种,在作品或章节的每一页重复出现。

专色
为印刷而特别配置的色彩。

纸张
特指用于印刷的纸张。

结构
指页面上设计要素组成的骨架。

底质
用于印刷的材质或表面。

色条
采用插销式装订的色彩样本。

对称式网格
指书的左页和右页网格对称。

插页
指书或杂志的插入物,沿着装订线进行粘贴,比如一张彩色插图。

左页
书中左手边的页面。

垂直对齐
文字在页面中按垂直方向对齐。

单词间距
指词与词之间的距离。

短字母高度
指小写字母"x"等没有上下延伸笔画的小写字母的高度。

术语表

致谢

我们衷心地感谢在《版式设计：设计师必知的30个黄金法则》制作过程中支持我们的每一位人员。我们将新兴机构和成熟机构的作品收集成册，正显示出我们所从事的这个行业的广度和多样性。

感谢摄影师泽维尔·杨（Xavier Young）在拍摄本书中展示的作品时的耐心、决心和精湛的摄影技术；感谢希瑟·马歇尔（Heather Marshall）所做的设计模式，最后，非常感谢丽菲（Leafy）和布卢姆斯伯里（Bloomsbury）文化圈，你们不厌其烦地回复我们的请求、询问和疑惑，并自始至终支持我们。谢谢！

p.151德国包豪斯设计学院（平版印刷）个人收藏作品/斯台普顿（Stapleton）收藏/布里吉曼艺术图书馆/版权状况：德国/未知版权